Anweisung

zur

Bekämpfung der Cholera.

(Festgestellt in der Sitzung des Bundesrats
vom 28. Januar 1904.)

Amtliche Ausgabe.

Springer-Verlag Berlin Heidelberg GmbH 1904

ISBN 978-3-662-40839-1   ISBN 978-3-662-41323-4 (eBook)
DOI 10.1007/978-3-662-41323-4

Vorbemerkung.

Die Anweisung bildet eine Zusammenstellung der auf die Bekämpfung der Cholera bezüglichen Vorschriften aus nachbezeichneten Bestimmungen:

1. Gesetz, betreffend die Bekämpfung gemeingefährlicher Krankheiten, vom 30. Juni 1900 (Reichs-Gesetzbl. 1900 S. 306).
2. Ausführungsbestimmungen zu dem Gesetze, betreffend die Bekämpfung gemeingefährlicher Krankheiten, vom 30. Juni 1900 — I Bekämpfung der Cholera — (Reichs-Gesetzbl. 1904 S. 68).
3. Bekanntmachung des Reichskanzlers, betreffend die wechselseitige Benachrichtigung der Militär- und Polizeibehörden über das Auftreten übertragbarer Krankheiten, vom 22. Juli 1902 (Reichs-Gesetzbl. S. 257).

Außerdem sind berücksichtigt Maßregeln, welche vom Kaiserlichen Gesundheitsamt und vom Reichs-Gesundheitsrat vorgeschlagen worden sind und die Zustimmung des Bundesrats gefunden haben.

Anweisung
zur
Bekämpfung der Cholera.

I. Vorbeugungsmaßregeln.

§. 1.

In Zeiten der Choleragefahr ist den Wohnungen und ihrer Reinhaltung erhöhte Aufmerksamkeit zuzuwenden; namentlich gilt dies für überfüllte, schlecht belichtete und schlecht zu lüftende Wohnstätten und Kellerwohnungen. Herbergen, Asyle für Obdachlose, Verpflegungsstationen, Gast- und Schankwirtschaften und ähnliche, namentlich von der schiffahrttreibenden Bevölkerung besuchte Unterkunftsstätten, sind einer genauen und regelmäßigen Überwachung zu unterwerfen. Wenn sich dabei erhebliche gesundheitliche Mißstände ergeben, so ist auf deren Beseitigung hinzuwirken.

§. 2.

Die dem allgemeinen Gebrauche dienenden Einrichtungen für Versorgung mit Trink- oder Wirtschaftswasser und für Fortschaffung der Abfallstoffe sind fortlaufend durch staatliche Beamte zu überwachen. Für die Beschaffung von reinem Trink- und Gebrauchswasser ist beizeiten Sorge zu tragen.

Jede Verunreinigung der Entnahmestellen von Wasser zum Trink- oder Hausgebrauch und ihrer Umgebung, insbesondere durch Haushaltabfälle, ist zu verbieten. Namentlich ist das Spülen von unsauberen Gefäßen und von Wäsche an

§. 35 des Gesetzes.

den Wasserentnahmestellen oder in deren Nähe, besonders an solchen Stellen, von welchen durch Fortspülung menschliche Ausleerungen und sonstige Schmutzstoffe in Brunnen und Wasserläufe gelangen können, zu untersagen.

§. 3.

35 des Gesetzes. Für die rasche und tunlichst unterirdische Abführung von Schmutzwässern aus der Nähe der Häuser ist Sorge zu tragen, desgleichen für die regelmäßige Beseitigung des Hausmülls.

Abtritte und Pissoire, namentlich wenn sie dem öffentlichen Verkehre zugänglich sind, müssen stets rein gehalten werden. Eine regelmäßige Desinfektion ist im allgemeinen nur bei den nach Lage oder Art des Verkehrs besonders gefährlichen Anlagen dieser Art (auf Eisenbahnstationen, in Gasthäusern u. a.) erforderlich.

Die Entleerung von Abtrittsgruben ist bei Choleragefahr mit besonderer Vorsicht auszuführen, um namentlich Verschleppungen des Grubeninhalts zu vermeiden. Höfe, Stallungen, Dungstätten und angrenzendes Gartenland sind von der Beschmutzung durch menschliche Ausleerungen frei zu halten.

§. 4.

35 des Gesetzes. Die Gemeinden sind verpflichtet, für die Beseitigung der vorgefundenen gesundheitsgefährlichen Mißstände Sorge zu tragen. Sie können nach Maßgabe ihrer Leistungsfähigkeit zur Herstellung von Einrichtungen der im §. 2 Satz 1 bezeichneten Art, sofern diese zum Schutze gegen übertragbare Krankheiten erforderlich sind, jederzeit angehalten werden.

Das Verfahren, in welchem über die hiernach gegen die Gemeinden zulässigen Anordnungen zu entscheiden ist, richtet sich nach Landesrecht.

§. 5.

In den von der Cholera bedrohten oder ergriffenen Ortschaften ist die gesundheitspolizeiliche Beaufsichtigung des Verkehrs mit Nahrungs- und Genußmitteln besonders sorgfältig zu handhaben. Namentlich ist darauf zu achten, daß Nahrungs- und Genußmittel nicht mit menschlichen Ausleerungen oder mit Wasser oder sonstigen Stoffen, welche Cholerakeime enthalten, in Berührung kommen.

§. 6.

An den einzelnen, von der Cholera bedrohten oder ergriffenen Ortschaften sind Gesundheitskommissionen einzurichten, sofern sie nicht bereits bestehen. Ihre Aufgabe ist es, die Behörden bei der Durchführung der zur Bekämpfung der Cholera angeordneten Maßnahmen zu unterstützen, zur Ermittelung unbekannt gebliebener Krankheitsfälle und zur Belehrung der Bevölkerung in bezug auf die Cholera beizutragen. Insbesondere haben sie sich durch fortgesetzte Besuche in den einzelnen Häusern der Ortschaft über den Gesundheitszustand der Bewohner in Kenntnis zu erhalten und durch Besichtigungen sich von der Sauberkeit der Häuser, der regelmäßigen und zweckmäßigen Beseitigung der Hausabfälle und Schmutzwässer, der Beschaffenheit der Abtritte usw. zu unterrichten, sowie auf die Abstellung der vorgefundenen Mißstände hinzuwirken, namentlich auch die Schließung gefährlich erscheinender Brunnen zu veranlassen.

§. 7.

Auf die Einrichtung öffentlicher Desinfektionsanstalten, in welchen die Anwendung von Wasserdampf als Desinfektionsmittel erfolgen kann, ist hinzuwirken.

Die Ausbildung eines geschulten Desinfektionspersonals ist, namentlich in den Städten, beizeiten vorzubereiten.

Die Polizeibehörden haben beizeiten dafür Sorge zu tragen, daß der Bedarf an Unterkunftsräumen, Ärzten, Pflegepersonal, Arznei- und Desinfektionsmitteln, sowie an Beförderungsmitteln für Kranke und Verstorbene sichergestellt wird. Desgleichen ist ein Raum zur Unterbringung von Leichen bereitzuhalten.

§. 8.

<small>Nr. 1 der Ausführungsbestimmungen.</small>

Die Polizeibehörden haben ihr besonderes Augenmerk auf solche Personen zu richten, welche sich kürzlich in einer von der Cholera heimgesuchten Ortschaft aufgehalten haben.

Es empfiehlt sich, diese Personen einer nach dem Gutachten des beamteten Arztes zu bemessenden, aber nicht länger als fünf Tage seit dem letzten Tage ihrer Anwesenheit am Choleraorte dauernden Beobachtung zu unterstellen, jedoch in schonender Form und so, daß Belästigungen tunlichst vermieden werden. Die Beobachtung wird, abgesehen von den etwa erforderlichen bakteriologischen Untersuchungen der Ausleerungen, in der Regel darauf beschränkt werden können, daß durch einen Arzt oder durch eine sonst geeignete Person täglich Erkundigungen über den Gesundheitszustand der betreffenden Personen eingezogen werden. Erforderlichenfalls sollen zur <small>§. 13 des Gesetzes.</small> Erleichterung dieser Maßnahme die höheren Verwaltungsbehörden für den Umfang ihres Bezirkes oder für Teile desselben anordnen, daß zureisende Personen, welche sich innerhalb der letzten fünf Tage vor ihrer Ankunft in einem von der Cholera betroffenen Bezirke oder Orte aufgehalten haben, nach ihrer Ankunft der Ortspolizeibehörde binnen einer zu bestimmenden möglichst kurzen Frist schriftlich oder mündlich zu melden sind. Unter zureisenden Personen sind nicht nur ortsfremde Personen, die von auswärts eintreffen, sondern auch ortsangehörige Personen zu verstehen, die nach längerem oder kürzerem Verweilen in einer von der Cholera betroffenen Ortschaft oder in einem solchen Bezirke nach Hause zurückkehren.

<small>Nr. 1 Abs. 8 der Ausführungsbestimmungen.</small>

Eine verschärfte Art der Beobachtung, verbunden mit Beschränkungen in der Wahl des Aufenthalts oder der Arbeitsstätte (z. B. Anweisung eines bestimmten Aufenthalts, Verpflichtung zum zeitweisen persönlichen Erscheinen vor der Gesundheitsbehörde, Untersagung des Verkehrs an bestimmten Orten) ist solchen Personen gegenüber zulässig, welche obdachlos oder ohne festen Wohnsitz sind oder berufs- oder gewohnheitsmäßig umherziehen, z. B. die in der Flußschiffahrt oder

der Flößerei beschäftigten Personen, fremdländische Auswanderer und Arbeiter, fremdländische Drahtbinder, Zigeuner, Landstreicher, Hausierer.

Insbesondere ist der Übertritt von Durchwanderern aus solchen ausländischen Gebieten, in denen die Cholera herrscht, nur an bestimmten Grenzorten zu gestatten, wo eine ärztliche Besichtigung sowie die Zurückhaltung und Absonderung der an der Cholera Erkrankten und der Krankheitsverdächtigen stattzufinden hat. Die Massenbeförderung von Durchwanderern mit der Eisenbahn hat in Sonderzügen oder in besonderen Wagen, und zwar nur in Abteilen ohne Polsterung, zu geschehen. Die benutzten Wagen sind nach jedesmaligem Gebrauche zu desinfizieren. Müssen die Durchwanderer während der Reise durch das Reichsgebiet behufs Übernachtung den Zug verlassen, so darf dies nur auf Eisenbahnstationen geschehen, bei denen sich Auswandererhäuser befinden. Es ist dafür Sorge zu tragen, daß solche Durchwanderer mit dem Publikum so wenig wie möglich in Berührung kommen und in den Hafenorten tunlichst in Auswandererhäusern untergebracht werden.

Nr. 9 der Ausführungsbestimmungen.

II. Anzeigepflicht.

§. 9.

Jede Erkrankung und jeder Todesfall an Cholera (asiatischer) sowie jeder Fall, welcher den Verdacht dieser Krankheit erweckt, ist der für den Aufenthaltsort des Erkrankten oder den Sterbeort zuständigen Polizeibehörde unverzüglich mündlich oder schriftlich anzuzeigen.

§§. 1, 4 des Gesetzes.

Wechselt der Erkrankte den Aufenthaltsort, so ist dies unverzüglich bei der Polizeibehörde des bisherigen und des neuen Aufenthaltsorts zur Anzeige zu bringen.

§. 10.

Zur Anzeige sind verpflichtet:
1. der zugezogene Arzt,
2. der Haushaltungsvorstand,

§. 2 des Gesetzes.

3. jede sonst mit der Behandlung oder Pflege des Erkrankten beschäftigte Person,
4. derjenige, in dessen Wohnung oder Behausung der Erkrankungs- oder Todesfall sich ereignet hat,
5. der Leichenschauer.

Die Verpflichtung der unter Nr. 2 bis 5 genannten Personen tritt nur dann ein, wenn ein früher genannter Verpflichteter nicht vorhanden ist.

§. 3 des Gesetzes. Für Krankheits- und Todesfälle, welche sich in öffentlichen Kranken-, Entbindungs-, Pflege-, Gefangenen- und ähnlichen Anstalten ereignen, ist der Vorsteher der Anstalt oder die von der zuständigen Stelle damit beauftragte Person ausschließlich zur Erstattung der Anzeige verpflichtet.

Auf Schiffen oder Flößen gilt als der zur Erstattung der Anzeige verpflichtete Haushaltungsvorstand der Schiffer oder Floßführer oder deren Stellvertreter.

Bei Krankheits- und Todesfällen, welche auf Seeschiffen vorkommen, ist die Anzeige an die Polizeibehörde des ersten nach Eintritt der anzeigepflichtigen Tatsache angelaufenen deutschen Hafenplatzes zu erstatten: für Binnenschiffe oder Flöße ist die Anzeige an die nächstgelegene Überwachungsstelle oder, falls Überwachungsstellen nicht eingerichtet sind, an die Polizeibehörde der nächsten Anlegestelle zu richten.

§. 11.

Um die Erfüllung der Anzeigepflicht für Cholera- und choleraverdächtige Fälle tunlichst zu sichern, haben die Polizeibehörden derjenigen Bezirke, welche durch die Cholera bedroht erscheinen, durch öffentliche Bekanntmachungen auf die bestehende Anzeigepflicht hinzuweisen. Auch haben sie eine Belehrung der Bevölkerung in dem Sinne eintreten zu lassen, daß als choleraverdächtige Erkrankungen insbesondere heftige Brechdurchfälle aus unbekannter Ursache anzusehen sind. Geeignet erscheinendenfalls sind diese Bekanntmachungen während der Dauer der Choleragefahr zu wiederholen.

Es empfiehlt sich auch, in Zeiten drohender Choleragefahr die praktischen Ärzte mit den beigefügten Ratschlägen wegen Mitwirkung an den Maßnahmen gegen die Verbreitung der Cholera (Anlage 1) zu versehen sowie die für die Bevölkerung bestimmte gemeinverständliche Belehrung über die Cholera (Anlage 2) allgemein zur Verteilung zu bringen.

Anlage 1.
Anlage 2.

Zur Erleichterung der Anzeigeerstattung empfiehlt sich die Benutzung von Kartenbriefen, welche auf der Innenseite den aus der Anlage 3 ersichtlichen Vordruck aufweisen. Es ist Sorge zu tragen, daß den Anzeigepflichtigen Kosten dadurch nicht erwachsen.

Anlage 3.

Auf Grund der erstatteten Anzeige haben die Polizeibehörden für die sicher festgestellten Cholerafälle Listen nach dem beigefügten Muster (Anlage 4) fortlaufend zu führen.

Anlage 4.

III. Die Ermittelung der Krankheit.

§. 12.

Die Polizeibehörde muß, sobald sie von dem Ausbruch oder dem Verdachte des Auftretens der Cholera Kenntnis erhält, hiervon den zuständigen beamteten Arzt sofort benachrichtigen. Dieser hat alsdann unverzüglich an Ort und Stelle Ermittelungen über die Art, den Stand und die Ursache der Krankheit vorzunehmen, eine bakteriologische Untersuchung zu veranlassen und der Polizeibehörde eine Erklärung darüber abzugeben, ob der Ausbruch der Krankheit festgestellt oder der Verdacht des Ausbruchs begründet ist. In Notfällen kann der beamtete Arzt die Ermittelungen auch vornehmen, ohne daß ihm eine Nachricht der Polizeibehörde zugegangen ist.

§. 6 Abs. 1 des Gesetzes.

Besonders wichtig ist es, bei den ersten Fällen in einem Orte eingehende Nachforschungen anzustellen, wo und wie sich die Kranken angesteckt haben, um in erster Linie gegen die Ansteckungsquelle die Maßregeln zu richten.

In Ortschaften mit mehr als 10 000 Einwohnern, in welchen die Seuche bereits festgestellt ist, muß nach den Bestimmungen des Absatzes 1 auch dann verfahren werden, wenn Erkrankungs- oder Todesfälle an der Cholera in einem räumlich abgegrenzten Teile der Ortschaft, welcher von der Krankheit bis dahin verschont geblieben war, vorkommen.

§. 6 Abs. 2 des Gesetzes.

§ 6 Abs. 3 des Gesetzes.

Die höhere Verwaltungsbehörde kann Ermittelungen über jeden einzelnen Krankheits= oder Todesfall anordnen. Solange eine solche Anordnung nicht getroffen ist, sind nach der ersten Feststellung der Krankheit von dem beamteten Arzte Ermittelungen nur im Einverständnisse mit der unteren Verwaltungsbehörde und nur insoweit vorzunehmen, als diese erforderlich sind, um die Ausbreitung der Krankheit örtlich und zeitlich zu verfolgen.

§. 13.

§. 7 des Gesetzes.

Dem beamteten Arzte ist, soweit er es zur Feststellung der Krankheit für erforderlich und ohne Schädigung des Kranken für zulässig hält, der Zutritt zu dem Kranken oder zur Leiche und die Vornahme der zu den Ermittelungen über die Krankheit erforderlichen Untersuchungen zu gestatten. Auch kann bei Choleraverdacht eine Öffnung der Leiche polizeilich angeordnet werden, insoweit der beamtete Arzt dies zur Feststellung der Krankheit für erforderlich hält.

Der behandelnde Arzt ist berechtigt, den Untersuchungen, insbesondere auch der Leichenöffnung, beizuwohnen. Der beamtete Arzt hat ihn von dem Zeitpunkt und dem Orte der Untersuchungen tunlichst rechtzeitig zu benachrichtigen.

Die im § 10 aufgeführten Personen sind verpflichtet, über alle für die Entstehung und den Verlauf der Krankheit wichtigen Umstände dem beamteten Arzte und der zuständigen Behörde auf Befragen Auskunft zu erteilen.

§. 14.

§. 8 des Gesetzes.

Ist nach dem Gutachten des beamteten Arztes der Ausbruch der Cholera festgestellt oder der Verdacht des Ausbruchs begründet, so hat die Polizeibehörde unverzüglich die zur Verhütung der Weiterverbreitung der Krankheit erforderlichen Maßnahmen zu treffen.

Bei allen verdächtigen Erkrankungen ist, solange nicht der Verdacht als unbegründet sich erwiesen hat, so zu verfahren, als ob es sich um wirkliche Cholerafälle handelt.

Bei Gefahr im Verzuge hat der beamtete Arzt schon vor dem Einschreiten der Polizeibehörde die zur Verhütung der Verbreitung der Krankheit zunächst erforderlichen Maßregeln anzuordnen. Der Vorsteher der Ortschaft hat den von dem beamteten Ärzte getroffenen Anordnungen Folge zu leisten. Von den Anordnungen hat der beamtete Arzt der Polizeibehörde sofort schriftliche Mitteilung zu machen; sie bleiben so lange in Kraft, bis von der zuständigen Behörde anderweitige Verfügung getroffen wird.

§. 9 des Gesetzes.

§. 15.

Von jedem ersten, nach den Ermittelungen des beamteten Arztes vorliegenden Falle von Cholera oder Choleraverdacht in einer Ortschaft ist sofort dem Kaiserlichen Gesundheitsamt auf kürzestem Wege Nachricht zu geben.

§. 42 des Gesetzes, Nr. 12 der Ausführungsbestimmungen.

Weiterhin sind von den durch die Landesregierungen zu bestimmenden Behörden an das Kaiserliche Gesundheitsamt mitzuteilen:

a) täglich Übersichten über die weiteren Erkrankungs- und Todesfälle unter Benennung der Ortschaften und Bezirke,
b) wöchentlich eine Nachweisung über die in der vergangenen Woche bis Sonnabend einschließlich in den einzelnen Ortschaften gemeldeten Erkrankungen und Todesfälle nach Maßgabe des als Anlage 5 beigefügten Formulars.

Anlage 5.

Die täglichen Übersichten sind telegraphisch zu übermitteln. In Berlin und dessen Vororten sind die Mitteilungen durch besondere Boten zu übersenden, sofern dies zur größeren Beschleunigung beiträgt. Die Wochennachweisungen sind so zeitig abzusenden, daß sie bis Montag Mittag im Gesundheitsamt eingehen.

§. 16.

Für die bakteriologische endgültige Feststellung der Cholera sind von den Landesregierungen im voraus besondere Stellen zu bestimmen. An diese ist bei verdächtigen Krankheits- oder

Todesfällen unter Beachtung der Anweisung zur Entnahme und Versendung choleraverdächtiger Untersuchungsobjekte (Anlage 6) geeignetes Untersuchungsmaterial unter tunlichster Beschleunigung zu senden. Es ist erwünscht, daß die Übersendung bereits vor dem Eintreffen des beamteten Arztes durch den behandelnden Arzt erfolgt.

Anlage 6.

Die endgültige Feststellung der Cholera in einer Ortschaft kann auch durch besondere Sachverständige erfolgen, welche von den Landesregierungen gleichfalls im voraus bestimmt und eintretendenfalls sogleich an Ort und Stelle entsendet werden.

Das Ergebnis der Untersuchungen ist seitens des feststellenden Sachverständigen unverzüglich dem Kaiserlichen Gesundheitsamte mitzuteilen.

Für die bakteriologische Feststellung der Cholera ist den mit dieser Aufgabe betrauten Stellen oder Sachverständigen die beigefügte Anleitung (Anlage 7) an die Hand zu geben.

Anlage 7.

IV. Maßregeln gegen die Weiterverbreitung der Krankheit.

§. 17.

Nr. 2 Abs. 1 und 2 der Ausführungsbestimmungen.

An der Cholera erkrankte oder krankheitsverdächtige Personen sind ohne Verzug abzusondern. Als krankheitsverdächtig sind, solange nicht zwei in eintägigem Zwischenraum angestellte bakteriologische Untersuchungen den Choleraverdacht beseitigt haben, solche Personen zu betrachten, welche unter Erscheinungen erkrankt sind, die den Ausbruch der Cholera befürchten lassen. Anscheinend gesunde Personen, in deren Ausleerungen bei der bakteriologischen Untersuchung Choleraerreger gefunden wurden, sind wie Kranke zu behandeln.

§. 14 Abs. 2 des Gesetzes.

Die Absonderung hat derart zu erfolgen, daß der Kranke mit anderen als den zu seiner Pflege bestimmten Personen, dem Arzte oder dem Seelsorger nicht in Berührung kommt und eine Weiterverbreitung der Krankheit tunlichst ausgeschlossen ist. Angehörigen und Urkundspersonen ist, soweit es zur Erledigung wichtiger und dringender Angelegenheiten geboten ist, der Zutritt zu dem Kranken unter Beobachtung der erforderlichen Maßregeln gegen eine Weiterverbreitung der Krankheit zu gestatten.

Werden auf Erfordern der Polizeibehörde in der Behausung des Kranken die nach dem Gutachten des beamteten Arztes zum Zwecke der Absonderung notwendigen Einrichtungen nicht getroffen, so kann, falls der beamtete Arzt es für unerläßlich und der behandelnde Arzt es ohne Schädigung des Kranken für zulässig erklärt, die Überführung des Kranken in ein geeignetes Krankenhaus oder in einen anderen geeigneten Unterkunftsraum angeordnet werden. Als geeignet sind nur solche Krankenhäuser oder Unterkunftsräume anzusehen, in welchen die Absonderung des Kranken nach Maßgabe des §. 17 Abs. 2 erfolgen kann.

Krankheitsverdächtige Personen dürfen nicht in demselben Raume mit Cholerakranken untergebracht werden. §. 14 Abs. 3 des Gesetzes.

§. 18.

Ansteckungsverdächtige Personen, d. h. solche, bei welchen Krankheitserscheinungen zwar nicht vorliegen, jedoch die Besorgnis gerechtfertigt ist, daß sie infolge einer Berührung mit einer an der Cholera erkrankten oder verstorbenen Person oder mit Wäsche, Kleidungsstücken oder Ausleerungen Cholerakranker den Ansteckungsstoff der Cholera aufgenommen haben, sind einer Beobachtung (§. 8) zu unterstellen, soweit nicht vom beamteten Arzte aus besonderen Gründen die Absonderung (§. 17) für erforderlich erklärt wird; letzteres kann u. a. für solche ansteckungsverdächtige Personen zutreffen, welche mit einem Cholerakranken in Wohnungsgemeinschaft leben. Die Beobachtung soll nicht länger als fünf Tage, gerechnet vom Tage der letzten Ansteckungsgelegenheit, dauern. Nr. 1 und Nr. 2 Abs. 3 der Ausführungsbestimmungen.

Inwieweit auch ansteckungsverdächtige Personen bakteriologischen Untersuchungen zu unterziehen sind, unterliegt dem Ermessen des beamteten Arztes.

Wechselt eine der Beobachtung unterstellte Person den Aufenthalt, so ist die Polizeibehörde des neuen Aufenthalts=

orts behufs Fortsetzung der Beobachtung von der Sachlage in Kenntnis zu setzen.

Auf die Absonderung ansteckungsverdächtiger Personen finden die Bestimmungen von § 17 Abs. 2 sinngemäße Anwendung. Jedoch dürfen solche Personen nicht in demselben Raume mit kranken Personen untergebracht werden; mit krankheitsverdächtigen Personen dürfen ansteckungsverdächtige Personen in demselben Raume nur untergebracht werden, soweit es der beamtete Arzt für zulässig erklärt. Die Absonderung darf die Dauer von fünf Tagen, gerechnet vom Tage der letzten Ansteckungsgelegenheit, nicht übersteigen.

§. 19.

Behufs zuverlässiger Durchführung der Schutzmaßregeln hat der beamtete Arzt ein Verzeichnis

1. der an der Cholera erkrankten Personen,
2. der krankheitsverdächtigen Personen,
3. der ansteckungsverdächtigen Personen

aufzunehmen und alsbald der Polizeibehörde vorzulegen.

Bei den unter 3 genannten Personen ist anzugeben, inwieweit ihre Beobachtung genügt, oder aus welchen Gründen bei einzelnen die Absonderung erfolgen muß.

§. 20.

Insoweit der beamtete Arzt es zur wirksamen Bekämpfung der Krankheit für unerläßlich erklärt, kann angeordnet werden, daß die Gesunden aus der Wohnung entfernt und die Kranken, anstatt daß sie zur Absonderung in ein Krankenhaus oder in einen sonst geeigneten Unterkunftsraum verbracht werden, in der Wohnung belassen werden. Unter der gleichen Voraussetzung kann ausnahmsweise sogar die Räumung des ganzen Hauses angeordnet werden, wenn in ihm außergewöhnlich ungünstige, der Krankheitsverbreitung förderliche Zustände (Überfüllung, Unreinlichkeit und dergleichen) herrschen. Den betreffenden Bewohnern ist anderweit geeignete Unterkunft unentgeltlich zu bieten.

Wohnungen oder Häuser, in denen an der Cholera erkrankte Personen sich befinden, sind kenntlich zu machen.

§. 21.

Zur Fortschaffung von Kranken und Krankheitsverdächtigen sollen dem öffentlichen Verkehre dienende Beförderungsmittel (Droschken, Straßenbahnwagen und dergleichen) in der Regel nicht benutzt werden. *Nr. 2 Abs. 6 der Ausführungsbestimmungen.*

Es ist Vorsorge zu treffen, daß Fahrzeuge und andere Beförderungsmittel, welche zur Fortschaffung von kranken oder krankheitsverdächtigen Personen gedient haben, alsbald und vor anderweitiger Benutzung desinfiziert werden. *Nr. 6 Abs. 1 der Ausführungsbestimmungen.*

§. 22.

Denjenigen Personen, welche der Pflege und Wartung von Cholerakranken sich widmen, ist aufzugeben, den Verkehr mit anderen Personen solange als erforderlich, tunlichst zu vermeiden. Sie haben die von dem beamteten Arzte für nötig befundenen Maßnahmen gegen eine Weiterverbreitung der Krankheit zu beobachten. *Nr. 2 Abs. 8 der Ausführungsbestimmungen.*

§. 23.

Die Leichen der an der Cholera Gestorbenen sind ohne vorheriges Waschen und Umkleiden sofort in Tücher einzuhüllen, welche mit einer desinfizierenden Flüssigkeit getränkt sind. Sie sind alsdann in dichte Särge zu legen, welche am Boden mit einer reichlichen Schicht Sägemehl, Torfmull oder anderen aufsaugenden Stoffen bedeckt sind. Der Sarg ist alsbald zu schließen und darf nur mit Genehmigung des beamteten Arztes vorübergehend wieder geöffnet werden. *Nr. 7 der Ausführungsbestimmungen.*

Soll mit Rücksicht auf religiöse Vorschriften das Waschen der Leiche ausnahmsweise stattfinden, so darf es nur unter den vom beamteten Arzte angeordneten Vorsichtsmaßregeln und nur mit desinfizierenden Flüssigkeiten ausgeführt werden.

Ist ein Leichenhaus vorhanden, so ist die eingesargte Leiche sobald als möglich dahin überzuführen. In Ortschaften, in welchen ein Leichenhaus nicht besteht, ist dafür

Sorge zu tragen, daß die eingesargte Leiche tunlichst in einem besonderen, abschließbaren Raume bis zur Beerdigung aufbewahrt wird.

Die Ausstellung der Leiche im Sterbehaus oder im offenen Sarge ist zu untersagen, das Leichengefolge möglichst zu beschränken und dessen Eintritt in das Sterbehaus zu verbieten.

Die Beförderung der Leichen von Personen, welche an der Cholera gestorben sind, nach einem anderen als dem ordnungsmäßigen Beerdigungsort ist zu untersagen.

Die Bestattung der Choleraleichen ist tunlichst zu beschleunigen. Personen, die bei der Einsargung beschäftigt gewesen sind, ist die Einhaltung der von dem beamteten Arzte gegen eine Weiterverbreitung der Krankheit für erforderlich erachteten Maßregeln zur Pflicht zu machen.

§. 24.

Nr. 6 der Ausführungsbestimmungen.

In einem Hause, in welchem ein Cholerafall vorgekommen ist, sind die erforderlichen Maßnahmen zur Desinfektion der Abgänge des Kranken (Stuhlentleerungen, Erbrochenes, Harn) sowie der mit dem Kranken oder Gestorbenen in Berührung gekommenen Gegenstände zu treffen. Ganz besondere Aufmerksamkeit ist der Desinfektion infizierter Räume, ferner der Kleidungsstücke, der Betten und der Leibwäsche des Kranken oder Gestorbenen sowie der bei der Wartung und Pflege des Kranken benutzten Kleidungsstücke, des Badewassers und der Badewanne zuzuwenden.

Besteht der Verdacht, daß in der Umgebung des Hauses offene Dungstätten, Stallungen, Höfe oder Gartenland mit menschlichen Ausleerungen verunreinigt sind, so müssen die in Betracht kommenden Bodenoberflächen, Schmutzwasseransammlungen, Rinnsteine und dergleichen desinfiziert werden.

Wohnungen, welche wegen Choleraausbruchs geräumt worden sind, dürfen erst nach einer wirksamen Desinfektion zur Wiederbenutzung freigegeben werden.

§. 25.

Die Desinfektionen sind nach Maßgabe der aus der Anlage 8 ersichtlichen Anweisung zu bewirken.

Ist die Desinfektion nicht ausführbar oder im Verhältnisse zum Werte der Gegenstände zu kostspielig, so kann die Vernichtung angeordnet werden.

Alle Personen, welche vermöge ihrer Beschäftigung mit Cholerakranken, deren Gebrauchsgegenständen oder Ausleerungen oder mit Choleraleichen in Berührung kommen (Krankenwärter, Desinfektoren, Wäscherinnen, Leichenfrauen usw.), sind zur Befolgung der Desinfektionsanweisung anzuhalten.

Nr. 6 Abs. 4 der Ausführungsbestimmungen.

Anlage 8

§. 19 Abs. 3 des Gesetzes.

§. 26.

Die zuständigen Behörden haben besonders zu erwägen, inwieweit Veranstaltungen, welche eine Ansammlung größerer Menschenmengen mit sich bringen (Messen, Märkte usw.), in oder bei solchen Ortschaften, in welchen die Cholera ausgebrochen ist, zu untersagen sind.

Nr. 3 Abs. 1 der Ausführungsbestimmungen, §. 15 Nr. 3 des Gesetzes.

§. 27.

Jugendliche Personen aus Behausungen, in welchen ein Cholerafall vorgekommen ist, müssen, soweit und solange nach dem Gutachten des beamteten Arztes eine Weiterverbreitung der Krankheit aus diesen Behausungen zu befürchten ist, vom Schulbesuche ferngehalten werden. Es ist ferner darauf hinzuwirken, daß der Verkehr dieser Personen mit anderen Kindern, insbesondere auf öffentlichen Straßen und Plätzen möglichst eingeschränkt wird.

Nr. 4 der Ausführungsbestimmungen.

Wenn in einer Ortschaft die Cholera heftig auftritt, kann die Schließung der Schulen erforderlich werden. Ereignet sich ein Cholerafall im Schulhause, so muß die Schule geschlossen werden, solange der Kranke sich darin befindet. Personen, welche der Ansteckung durch die Cholera ausgesetzt gewesen sind, müssen auf die Dauer ihrer Ansteckungsgefahr von der Erteilung des Schulunterrichts ausgeschlossen werden.

Schulkinder, welche außerhalb des Schulorts wohnen, dürfen, solange in dem letzteren die Cholera herrscht, die

Schule nicht besuchen; desgleichen müssen Schulkinder, in deren Wohnort die Cholera herrscht, vom Besuche der Schule in einem noch cholerafreien Orte ausgeschlossen werden.

Die gleichen Maßregeln können für andere Unterrichts=veranstaltungen, an welchen mehrere Personen teilnehmen, in Betracht kommen.

§. 28.

<small>Nr. 3 Abf. 3 der Ausführungs=bestimmungen.</small> Die Polizeibehörden der von der Cholera ergriffenen Ortschaften haben dafür zu sorgen, daß Gegenstände, von denen nach dem Gutachten des beamteten Arztes anzunehmen ist, daß sie mit dem Ansteckungsstoffe der Cholera behaftet sind, vor wirksamer Desinfektion nicht in den Verkehr ge=langen.

<small>§. 15 des Gesetzes, Nr. 3 Abf. 2 der Ausführungs=bestimmungen.</small> In einem Hause, in welchem ein Cholerakranker sich be=findet, können gewerbliche Betriebe, durch welche eine Ver=breitung des Ansteckungsstoffes zu befürchten ist, insbesondere Betriebe zur Herstellung und zum Vertriebe von Nahrungs= und Genußmitteln, Beschränkungen unterworfen oder ge=schlossen werden, insoweit nach dem Gutachten des beamteten Arztes die Fortsetzung des Betriebes als gefährlich zu be=trachten ist.

§. 29.

<small>Nr. 3 Abf. 4 bis 8 der Ausführungs=bestimmungen.</small> Für Ortschaften oder Bezirke, in denen die Cholera ge=häuft auftritt, ist die Ausfuhr von Milch, von gebrauchter Leibwäsche, alten und getragenen Kleidungsstücken, gebrauchtem Bettzeug, Hadern und Lumpen zu verbieten. Ausgenommen sind zusammengepreßte Lumpen, welche in verschnürten Ballen im Großhandel versendet werden; ferner neue Abfälle, welche unmittelbar aus Spinnereien, Webereien, Konfektions= und Bleichanstalten kommen, Kunstwolle, neue Papierschnitzel, un=verdächtiges Reisegepäck und Umzugsgut.

Bei gehäuftem Auftreten der Cholera ist in den von der Krankheit befallenen Ortschaften oder Bezirken das gewerbs=mäßige Einsammeln von alten Kleidungsstücken, alter Leib= und Bettwäsche, Hadern und Lumpen im Umherziehen zu verbieten.

Einfuhrverbote gegen inländische, von der Cholera befallene Ortschaften oder Bezirke sind nicht zulässig. Das Verbot der Einfuhr bestimmter Waren und anderer Gegenstände aus dem Auslande richtet sich ausschließlich nach den gemäß § 25 des Gesetzes in Vollzug gesetzten Bestimmungen.

Für gebrauchtes Bettzeug, Leibwäsche und getragene Kleidungsstücke, welche aus einer von der Cholera betroffenen Ortschaft stammen und noch nicht wirksam desinfiziert worden sind, kann eine Desinfektion angeordnet werden. Im übrigen ist eine Desinfektion von Gegenständen des Güter- und Reiseverkehrs einschließlich der von Reisenden getragenen Wäsche- und Kleidungsstücke nur dann geboten und zulässig, wenn die Gegenstände nach dem Gutachten des beamteten Arztes als mit dem Ansteckungsstoff der Cholera behaftet anzusehen sind.

Weitergehende Beschränkungen des Gepäck- und Güterverkehrs sowie des Verkehrs mit Post- (Brief- und Paket-) Sendungen sind nicht zulässig.

§. 30.

Für Ortschaften und Bezirke, welche von der Cholera befallen oder bedroht sind, und in welchen ein allgemeiner Leichenschauzwang noch nicht besteht, empfiehlt es sich anzuordnen, daß jede Leiche vor der Bestattung einer amtlichen Besichtigung (Leichenschau) und zwar tunlichst durch Ärzte zu unterwerfen ist.

§. 10 des Gesetzes.

§. 31.

In Ortschaften, welche von der Cholera befallen oder bedroht sind sowie in deren Umgegend kann die Benutzung von Brunnen, Teichen, Seen, Wasserläufen, Wasserleitungen sowie der dem öffentlichen Gebrauche dienenden Bade-, Schwimm-, Wasch- und Bedürfnisanstalten verboten oder beschränkt werden. Die Wiederbenutzung solcher Brunnen kann von einer vorgängigen Desinfektion abhängig gemacht werden.

§. 17 des Gesetzes, Nr. 5 der Ausführungsbestimmungen.

Jedoch sind diese Anordnungen nur im Einvernehmen mit dem beamteten Arzte zu treffen.

§. 32.

§. 15 Ziffer 4 und 5 des Gesetzes, Nr. 8 letzter Absatz der Ausführungsbestimmungen.

In den von der Cholera befallenen oder bedrohten Bezirken können die in der Schiffahrt oder der Flößerei beschäftigten Personen einer gesundheitspolizeilichen Überwachung unterworfen werden. Die Überwachung ist nach den in der Anlage 9 enthaltenen Grundsätzen einzurichten.

Anlage 9.

V. Allgemeine Vorschriften.

§. 33.

§. 23 des Gesetzes.

Die zuständige Landesbehörde kann die Gemeinden oder die weiteren Kommunalverbände dazu anhalten, diejenigen Einrichtungen, welche zur Bekämpfung der Cholera notwendig sind, zu treffen. Wegen Aufbringung der erforderlichen Kosten findet die Bestimmung des §. 34 Abs. 2 Anwendung.

§ 34.

§. 37 des Gesetzes.

Die Anordnung und Leitung der Abwehr- und Unterdrückungsmaßregeln liegt den Landesregierungen und deren Organen ob.

Die Zuständigkeit der Behörden und die Aufbringung der entstehenden Kosten regelt sich nach Landesrecht.

Die Kosten der auf Grund der §§. 12, 13, 14 und 16 angestellten behördlichen Ermittelungen, der Beobachtung in den Fällen der §§. 8 und 18, ferner auf Antrag die Kosten der auf Grund der §§. 21, 24 und 25 polizeilich angeordneten und überwachten Desinfektionen und der auf Grund des §. 23 angeordneten besonderen Vorsichtsmaßregeln für die Aufbewahrung, Einsargung, Beförderung und Bestattung von Leichen sind aus öffentlichen Mitteln zu bestreiten.

Nr. 8 der Ausführungsbestimmungen.

Die Aufhebung der zur Abwehr der Choleragefahr getroffenen Anordnungen darf nur nach Anhörung des beamteten Arztes erfolgen.

§. 35.

§. 36 des Gesetzes.

Beamtete Ärzte im Sinne des Gesetzes sind Ärzte, welche vom Staate angestellt sind oder deren Anstellung mit Zustimmung des Staates erfolgt ist.

An Stelle der beamteten Ärzte können im Falle ihrer Behinderung oder aus sonstigen dringenden Gründen andere Ärzte zugezogen werden. Innerhalb des von ihnen übernommenen Auftrags gelten die letzteren als beamtete Ärzte und sind befugt und verpflichtet, diejenigen Amtsverrichtungen wahrzunehmen, welche in dem Gesetz oder in den hierzu ergangenen Ausführungsbestimmungen den beamteten Ärzten übertragen sind.

§. 36.

Die von den Landesregierungen bezeichneten Behörden oder Beamten der Garnisonorte und derjenigen Orte, welche im Umkreise von 20 km von Garnisonorten oder im Gelände für militärische Übungen gelegen sind, haben alsbald nach erlangter Kenntnis jeden ersten Fall von Cholera sowie das erste Auftreten des Verdachts dieser Krankheit in dem betreffenden Orte der Militär- oder Marinebehörde mitzuteilen.

Bekanntmachung vom 22. Juli 1902 (Reichs-Gesetzbl. S. 257).

Über den weiteren Verlauf der Krankheit sind wöchentlich Zahlenübersichten der neu festgestellten Erkrankungs- und Todesfälle einzusenden. Jeder Mitteilung sind Angaben über die Wohnungen und die Gebäude, in welchen die Erkrankungen oder der Verdacht aufgetreten sind, beizufügen.

Die Mitteilungen sind für Garnisonorte und für die in ihrem Umkreise von 20 km gelegenen Orte an den Kommandanten oder, wo ein solcher nicht vorhanden ist, an den Garnisonältesten, für Orte im militärischen Übungsgelände an das Generalkommando zu richten.

Andererseits haben die zuständigen Militär- und Marinebehörden von allen in ihrem Dienstbereiche vorkommenden Erkrankungen und Todesfällen an Cholera sowie von dem Auftreten des Verdachts dieser Krankheit alsbald nach erlangter Kenntnis eine Mitteilung an die für den Aufenthaltsort des Erkrankten zuständige, von den Landesregierungen zu bezeichnende Behörde zu machen. Jeder Mitteilung sind Angaben über das Militärgebäude oder die Wohnungen, in welchen die Erkrankungen oder der Verdacht aufgetreten sind, beizufügen.

Die Militär- und Marinebehörden haben dem Kaiserlichen Gesundheitsamte von den Erkrankungen und Todesfällen Mitteilungen in gleicher Weise wie die Zivilbehörden (vgl. § 15) zu machen.

§. 37.

Hinsichtlich der gesundheitspolizeilichen Behandlung der einen deutschen Hafen anlaufenden Seeschiffe gelten die auf Grund des § 24 Abs. 2 des Gesetzes ergehenden Vorschriften.

§. 38.

§. 39 des Gesetzes. Die Ausführung der nach Maßgabe dieser Anweisung zu ergreifenden Schutzmaßregeln liegt, insoweit davon
1. dem aktiven Heere oder der aktiven Marine angehörende Militärpersonen,
2. Personen, welche in militärischen Dienstgebäuden oder auf den zur Kaiserlichen Marine gehörigen oder von ihr gemieteten Schiffen und Fahrzeugen untergebracht sind,
3. marschierende oder auf dem Transport befindliche Militärpersonen und Truppenteile des Heeres und der Marine sowie die Ausrüstungs- und Gebrauchsgegenstände derselben,
4. ausschließlich von der Militär- oder Marineverwaltung benutzte Grundstücke und Einrichtungen

betroffen werden, den Militär- und Marinebehörden ob.

Auf Truppenübungen finden die nach dem Gesetze zulässigen Verkehrsbeschränkungen keine Anwendung.

§. 39.

§. 40 des Gesetzes. Für den Eisenbahn-, Post- und Telegraphenverkehr sowie für Schiffahrtsbetriebe, welche im Anschluß an den Eisenbahnverkehr geführt werden und der staatlichen Eisenbahnaufsichtsbehörde unterstellt sind, liegt die Ausführung der zu ergreifenden Schutzmaßregeln ausschließlich den zuständigen Reichs- und Landesbehörden ob.

Nr. 11 der Ausführungsbestimmungen. Cholerakranke dürfen in der Regel nicht mittels der Eisenbahn befördert werden. Ausnahmen sind nur nach dem

Gutachten des für die Abgangsstation zuständigen beamteten Arztes zulässig. In solchen Ausnahmefällen ist der Kranke in einem besonderen Wagen, der alsbald nach der Benutzung zu desinfizieren ist, zu befördern. Das bei ihm beschäftigt gewesene Personal ist anzuhalten, vor ausgeführter Desinfektion (Anlage 8) den Verkehr mit anderen Personen nach Möglichkeit zu vermeiden.

Ergibt sich bei einem Reisenden während der Eisenbahnfahrt Choleraverdacht, so ist er, falls nicht die Verkehrsordnung seinen Ausschluß von der Fahrt vorschreibt, an der Weiterfahrt nicht zu verhindern; jedoch ist, sobald dies ohne Unterbrechung der Reise möglich ist, die Feststellung der Krankheit durch einen Arzt herbeizuführen. Der Abteil, in welchem der Kranke untergebracht war, und die damit in Zusammenhang stehenden Abteile sind zu räumen. Der Wagen ist, falls der Choleraverdacht sich bestätigt, sobald wie möglich außer Betrieb zu setzen und zu desinfizieren.

Im einzelnen gelten beim Auftreten der Cholera die in der Anlage 10 enthaltenen Bestimmungen. *Anlage 10.*

§. 40.

Die Behörden der Bundesstaaten sind verpflichtet, sich bei der Bekämpfung der Cholera gegenseitig zu unterstützen. *§. 38 des Gesetzes.*

§. 41.

Für das Arbeiten und den Verkehr mit Choleraerregern gelten die auf Grund des §. 27 des Gesetzes ergehenden Vorschriften. *Nr. 10 der Ausführungsbestimmungen.*

§. 42.

Inwieweit Personen, welche durch die polizeilich angeordneten Schutzmaßregeln betroffen sind, ein Anspruch auf Entschädigung zusteht, ist durch §§. 28 bis 34 des Gesetzes bestimmt.

Anlage 1.

Ratschläge

an praktische Ärzte wegen Mitwirkung an den Maßnahmen gegen die Verbreitung der Cholera.

Der Erfolg der von den Behörden zur Bekämpfung der Cholera getroffenen Anordnungen hängt zum nicht geringen Teile davon ab, daß ihre Durchführung auch seitens der praktischen Ärzte die wünschenswerte Förderung erhält. Ihre Fachkenntnisse setzen sie in besonderem Grade in den Stand, die Bedeutung der Anordnungen zu würdigen, und durch die Art ihres Verkehrs mit dem Publikum haben sie vielfach Gelegenheit, ihren gewichtigen Einfluß auf dasselbe im Interesse des öffentlichen Wohles geltend zu machen. Die Mitglieder des ärztlichen Standes haben so oft ihren Gemeinsinn bei ähnlichen Gelegenheiten in hohem Maße betätigt, daß an ihrer Bereitwilligkeit, auch ihrerseits bei der Bekämpfung der Cholera im allgemeinen, wie bei den Einzelfällen mitzuwirken, nicht gezweifelt werden darf. Die Punkte, in welchen die Tätigkeit der Ärzte nach dieser Richtung am vorteilhaftesten einsetzen wird, sind in den nachstehenden Ratschlägen zusammengestellt:

1. Bis zur Feststellung der Natur einer choleraverdächtigen Erkrankung sind dieselben Schutzmaßregeln anzuwenden in bezug auf Desinfektion, Absonderung usw., wie bei einem wirklichen Cholerafall.

2. Sämtliche Ausleerungen der Kranken sind nach der beigegebenen Anweisung zu desinfizieren.

Dasselbe gilt von den durch Ausleerungen beschmutzten Gegenständen, wie Bett- und Leibwäsche, Fußboden usw.

3. Der Kranke ist möglichst abzusondern und mit geeigneter Wartung zu versehen. Läßt sich die Absonderung in der eigenen Behausung nicht durchführen, dann ist darauf hinzuwirken, daß er in ein geeignetes Krankenhaus oder in einen anderen, womöglich schon vorher für die Verpflegung von Cholerakranken bereit gestellten und mit Desinfektionsmitteln ausgerüsteten geeigneten Unterkunftsraum geschafft wird.

Da Kranke die Krankheitskeime noch eine Zeitlang nach ihrer scheinbaren Wiederherstellung in ihrem Körper beherbergen und mit den Ausscheidungen entleeren können, so sollten sie solange abgesondert bleiben, bis sich ihre Ausscheidungen an drei aufeinanderfolgenden Tagen als frei von Krankheitskeimen erwiesen haben.

4. Die mit der Pflege und Wartung betrauten Personen sind zu unterweisen, wie sie sich in bezug auf Desinfektion der eigenen Kleidung und der Hände, das Essen im Krankenraum usw. zu verhalten haben.

5. Es ist darauf zu halten, daß der Ansteckungsstoff nicht durch Wegschütten undesinfizierter Ausleerungen, durch Waschen beschmutzter Wäsche, Kleidungsstücke, Gefäße usw. in die Nähe von Brunnen oder in Wasserläufe gebracht wird. Liegt der Verdacht einer schon geschehenen Verunreinigung von Wasserentnahmestellen vor, dann ist die Ortspolizeibehörde davon zu benachrichtigen, und es ist zu beantragen, daß verdächtige Brunnen geschlossen, und die Anwohner infizierter Gewässer vor ihrer Benutzung gewarnt werden.

6. Ist bei der Ankunft des Arztes der Kranke bereits verstorben, so ist dafür Sorge zu tragen, daß die Leiche und die von dem Verstorbenen benutzten Gegenstände bis zum Eintreffen des beamteten Arztes, oder bis seitens der Ortspolizeibehörde weitere Bestimmungen getroffen werden, in einer der Weiterverbreitung der Krankheit vorbeugenden Weise aufbewahrt werden.

7. Über die Art und Weise, wie die Ansteckung bei den Kranken möglicherweis zustande gekommen ist, ob der Krank-

heitsfall zu einer Weiterverschleppung der Seuche bereits Veranlassung gegeben hat (Verbleib von infizierten Gebrauchsgegenständen usw.), und über weitere verdächtige Vorkommnisse am Ort der Erkrankung sind Nachforschungen anzustellen.

8. Bei den ersten verdächtigen Fällen an einem Orte, bei welchen die sichere Feststellung der Krankheit von größtem Werte ist, sind Proben von den Ausleerungen des Kranken in nicht desinfiziertem Zustande sowie Agarröhrchen, welche damit beschickt sind, und Ausstrichpräparate behufs bakteriologischer Untersuchung sofort unter Beachtung der beigegebenen „Anweisung zur Entnahme und Versendung choleraverdächtiger Untersuchungsobjekte" an die für den Bezirk vorgesehene Untersuchungsstelle zu senden.

Anlage 2.

Gemeinverständliche Belehrung
über
die Cholera und das während der Cholerazeit zu beobachtende Verhalten.

---

1. Die Cholera ist eine ansteckende Krankheit, welche in der Regel wenige Tage nach Aufnahme des Cholerakeims mit heftigem Erbrechen und Durchfall auftritt. Die immer häufiger abgehenden Stuhlentleerungen gewinnen bald ein farbloses Aussehen, ähnlich einer dünnen Mehlsuppe oder dem von gekochtem Reis abgegossenen Wasser. Mit der zunehmenden Häufigkeit der flüssigen Stuhlgänge hört die Harnabsonderung allmählich auf. Unter fortschreitender Erschöpfung treten schmerzhafte Muskelzusammenziehungen, namentlich Wadenkrämpfe auf. Augen und Wangen fallen ein, die Haut fühlt sich kalt an und wird runzelig, Fingerspitzen und Lippen werden blau, die Stimme rauh und klanglos. Schließlich wird der Kranke gegen alles, was um ihn vorgeht, völlig teilnahmlos, und oft nach wenigen Stunden tritt in solchem Zustande der Tod ein.

Außer dieser rasch verlaufenden Form der Cholera gibt es auch ganz leichte Cholerafälle, welche sich als einfaches Unwohlsein mit Durchfall äußern und für die Weiterverbreitung der Krankheit noch gefährlicher sind als die schweren. Denn die nur in geringem Maße Erkrankten gehen nicht selten ihrer gewohnten Beschäftigung weiter nach und können dabei durch ihre Entleerungen die Krankheit weit verbreiten.

Auch anscheinend gesunde Personen können mit den Ausleerungen die Erreger der Cholera ausscheiden; ebenso enthalten die Ausleerungen von Personen, welche die Cholera überstanden haben, den Ansteckungsstoff oft noch lange Zeit hindurch.

2. Der Ansteckungsstoff der Cholera befindet sich in den Ausleerungen der Kranken, kann mit diesen auf und in andere Personen und die mannigfachsten Gegenstände geraten und mit denselben verschleppt werden.

Solche Gegenstände sind beispielsweise Wäsche, Kleider, Speisen, Wasser, Milch und andere Getränke. Haften ihnen nur die geringsten, mit dem bloßen Auge nicht wahrnehmbaren Spuren der Ausleerungen an, so kann dadurch die Seuche weiter verbreitet werden.

3. Die Ausbreitung nach anderen Orten geschieht daher leicht zunächst dadurch, daß bereits Cholerakranke oder kürzlich von der Cholera genesene Personen den bisherigen Aufenthaltsort verlassen, um vermeintlich der an ihm herrschenden Gefahr zu entgehen. Hiervor ist umsomehr zu warnen, als man bei dem Verlassen bereits angesteckt sein kann und man andererseits durch eine geeignete Lebensweise und Befolgung der nachstehenden Vorsichtsmaßregeln besser in der gewohnten Häuslichkeit, als in der Fremde und zumal auf der Reise, sich zu schützen vermag.

4. In Cholerazeiten soll man eine möglichst geregelte Lebensweise führen. Die Erfahrung hat gelehrt, daß alle Störungen der Verdauung die Erkrankung an Cholera vorzugsweise begünstigen. Man hüte sich deswegen vor allem, was Verdauungsstörungen hervorrufen kann, wie Übermaß von Essen und Trinken, Genuß von schwerverdaulichen Speisen.

Ganz besonders ist alles zu meiden, was Durchfall verursacht, oder den Magen verdirbt. Tritt dennoch Durchfall ein, dann ist so früh wie möglich ärztlicher Rat einzuholen.

5. Man genieße keine Nahrungsmittel, welche aus einem Hause stammen, in welchem Cholera herrscht.

Solche Nahrungsmittel, durch welche die Krankheit übertragen werden kann, z. B. frisches Obst, frisches Gemüse, Milch, sind an Choleraorten nur in gekochtem Zustande zu genießen, sofern man über die unverdächtige Herkunft nicht zuverlässig unterrichtet ist. Nach gleichen Grundsätzen ist mit derartigen Nahrungsmitteln zu verfahren, welche aus Choleraorten herrühren. Insbesondere wird vor dem Gebrauch ungekochter Milch gewarnt.

6. Alles Wasser, welches durch Kot, Harn, Küchenabgänge oder sonstige Schmutzstoffe verunreinigt sein könnte, ist strengstens zu vermeiden.

Verdächtig ist Wasser aus Kesselbrunnen gewöhnlicher Bauart, welche gegen Verunreinigungen von oben her nicht genügend geschützt sind, ferner aus Sümpfen, Teichen, Wasserläufen, Flüssen, sofern das Wasser nicht einer wirksamen Filtration unterworfen worden ist. Als besonders gefährlich gilt Wasser, das durch Ausleerungen von Cholerakranken in irgend einer Weise verunreinigt ist. In bezug hierauf ist die Aufmerksamkeit vorzugsweise dahin zu richten, daß die vom Reinigen der Gefäße und beschmutzter Wäsche herrührenden Spülwässer nicht in die Brunnen und Gewässer, auch nicht einmal in deren Nähe gelangen.

7. Ist es nicht sicher, daß das zur Verfügung stehende Wasser völlig unverdächtig ist, dann ist es erforderlich, das Wasser zu kochen und nur gekochtes Wasser zu genießen.

8. Was hier vom Wasser gesagt ist, gilt aber nicht allein vom Trinkwasser, sondern auch von jedem zum Hausgebrauche dienenden Wasser, weil der im Wasser befindliche Ansteckungsstoff auch durch das zum Spülen der Küchengeräte, zum Reinigen und Kochen der Speisen, zum Waschen, Baden usw. dienende Wasser dem menschlichen Körper zugeführt werden kann.

Überhaupt ist dringend vor dem Glauben zu warnen, daß das Trinkwasser allein als der Träger des Krankheitsstoffs anzusehen sei und daß man schon vollkommen geschützt sei, wenn man nur untadelhaftes oder nur gekochtes Wasser trinkt.

9. Jeder Cholerakranke kann der Ausgangspunkt für die weitere Ausbreitung der Krankheit werden; es ist deswegen ratsam, die Kranken, soweit es irgend angängig ist, nicht zu Hause zu pflegen, sondern einem Krankenhause zu übergeben. Ist dies nicht ausführbar, dann halte man wenigstens jeden unnötigen Verkehr von dem Kranken fern.

10. Es besuche niemand ein Cholerahaus, den nicht seine Pflicht dahin führt.

Ebenso besuche man zur Cholerazeit keine Orte, wo größere Anhäufungen von Menschen stattfinden (Messen, Märkte usw.).

11. In Räumlichkeiten, in welchen sich Cholerakranke befinden, soll man keine Speisen und Getränke zu sich nehmen, auch im eigenen Interesse nicht rauchen.

12. Die Ausleerungen der Cholerakranken sind besonders gefährlich und deshalb die damit beschmutzten Kleider und Wäschestücke sofort zu desinfizieren.

13. Man wache auch auf das sorgfältigste darüber, daß Choleraausleerungen nicht in die Nähe der Brunnen und der zur Wasserentnahme dienenden Flußläufe usw. gelangen.

14. Alle mit den Kranken in Berührung gekommenen Gegenstände, welche nicht vernichtet oder auf einfache Weise desinfiziert werden können, müssen in besonderen Desinfektions=
anstalten mittels Wasserdampfes unschädlich gemacht oder mindestens sechs Tage lang außer Gebrauch gesetzt und an einem trockenen, möglichst sonnigen, luftigen Orte aufbewahrt werden.

15. Diejenigen, welche mit einem Cholerakranken, seinem Bett oder seiner Bekleidung in Berührung gekommen sind, sollen die Hände und die etwa beschmutzten Kleidungsstücke alsbald desinfizieren. Ganz besonders ist dies erforderlich, wenn eine Verunreinigung mit den Ausleerungen des Kranken stattgefunden hat. Ausdrücklich wird noch gewarnt, Speisen mit ungereinigten Händen zu berühren oder Gegenstände in den Mund zu bringen, welche im Krankenraume verunreinigt sein können, z. B. Eß= und Trinkgeschirr, Zigarren.

16. Ist der Kranke gestorben, so ist die Leiche sobald, als irgend tunlich, aus der Behausung zu entfernen und in ein Leichenhaus zu bringen. Das Waschen der Leiche ist am besten zu unterlassen.

Das Leichenbegängnis ist so einfach als möglich einzurichten. Das Gefolge betrete das Sterbehaus nicht, und man beteilige sich nicht an Leichenfestlichkeiten.

17. Kleidungsstücke, Wäsche und sonstige Gebrauchsgegenstände von Personen, welche an der Cholera erkrankt oder gestorben sind, dürfen unter keinen Umständen in Benutzung genommen oder an andere abgegeben werden, ehe sie desinfiziert sind. Namentlich dürfen sie nicht undesinfiziert nach anderen Orten verschickt werden.

Den Empfängern von Sendungen, welche derartige Gegenstände aus Choleraorten erhalten, wird dringend geraten, sie sofort womöglich einer Desinfektionsanstalt zu übergeben oder unter den nötigen Vorsichtsmaßregeln selbst zu desinfizieren.

Cholerawäsche soll nur dann zur Reinigung angenommen werden, wenn sie zuvor desinfiziert ist.

18. Vom Gebrauche der in Cholerazeiten regelmäßig angepriesenen medikamentösen Schutzmittel (Choleraschnaps usw.) wird abgeraten.

Anlage 8.

Anzeige

eines Cholera- (oder choleraverdächtigen) Falles.

Ort der Erkrankung: ....
Wohnung (Straße, Hausnummer, Stockwerk): ....
....

Des Erkrankten
Familienname: ....
Geschlecht: männlich, weiblich. (Zutreffendes ist zu unterstreichen.)
Alter: ....
Stand oder Gewerbe: ....
Stelle der Beschäftigung: ....
....
Tag der Erkrankung: ....
Tag des Todes: ....
Bemerkungen (insbesondere auch ob, wann und woher zugereist):
....

Anlage 4.

Liste der Cholerafälle.

1.	2.	3.	4.		5.	6.	7.	8.	9.	10.
Ort der Erkrankung	Wohnung (Straße, Haus= nummer, Stockwerk)	Familien= name	Geschlecht	Alter	Stand oder Gewerbe	Stelle der Be= schäftigung	Tag der Er= kran= kung	Tag des Todes	Bemerkungen (insbesondere auch ob, wann und woher zugereist)
			des Erkrankten						
			männ= lich	weib= lich						

Anlage 5.

Wöchentlich dem Kaiserlichen Gesundheitsamt einzusenden.

Nachweisung

über die in der Zeit vom .... bis .... 19...... vorgekommenen Cholerafälle.

Choleraverdächtige Fälle sind nicht aufzunehmen.

Name der Ortschaft (mit Angabe des Verwaltungsbezirkes)	Einwohnerzahl (letzte Volkszählung)	Neu erkrankt sind	Davon innerhalb der letzten 5 Tage vor der Erkrankung oder bereits krank von auswärts zugereist	Gestorben sind	Bemerkungen (insbesondere Tag des Ausbruchs im Berichtsorte; Angabe des Ortes, woher die in Spalte 4 aufgeführten Personen zureisten usw.)
1.	2.	3.	4.	5.	6.

Anlage 6.

Anweisung
zur
Entnahme und Versendung choleraverdächtiger Untersuchungsobjekte.

A. Entnahme des Materials.

a. Vom Lebenden.

Etwa 50 ccm der Ausleerungen*) werden ohne Zusatz eines Desinfektionsmittels oder auch nur von Wasser aufgefangen. Ferner wird auf eine Anzahl Deckgläschen — von jeder Probe 6 — je ein kleines Tröpfchen der Ausleerungen, womöglich ein Schleimflöckchen, gebracht, mit einer Skalpellspitze fein verteilt und dann mit der bestrichenen Seite nach oben zum Trocknen hingelegt (Ausstrichpräparate). Endlich empfiehlt es sich, gleich an Ort und Stelle drei schräg erstarrte Agarröhrchen (ein Original und zwei Verdünnungen) mit einer Öse des Darminhalts oberflächlich zu impfen und mitzusenden. Die hierzu erforderlichen Agarröhrchen sind von der nächsten Untersuchungsstelle zu beziehen.

Frisch mit Ausleerung beschmutzte Wäschestücke werden wie Proben von Ausleerungen behandelt.

Handelt es sich um nachträgliche Feststellung eines abgelaufenen choleraverdächtigen Falles, so kann diese durch Untersuchung einer Blutprobe vermittels des Pfeifferschen Versuchs und der Agglutinationsprobe geschehen. Man ent-

---

*) Ist keine freiwillige Stuhlentleerung zu erhalten, so gelingt es in der Regel, sie durch Einführung von Glyzerin zu bewirken.

nimmt mindestens 3 ccm Blut durch Venenpunktion am Vorderarm oder mittels keimfreien Schröpfkopfes und sendet es in einem keimfreien zugeschmolzenen Reagensglas ein. Scheidet sich das Serum rasch ab, so kann zur besseren Haltbarmachung Phenol im Verhältnisse von 1:200 hinzugesetzt werden: z. B. 0,1 ccm einer fünfprozentigen Lösung von Karbolsäure auf 0,9 ccm Serum.

b. Von der Leiche.

Die Öffnung der Leiche ist sobald als möglich nach dem Tode auszuführen und in der Regel auf die Eröffnung der Bauchhöhle und Herausnahme von drei Dünndarmschlingen zu beschränken. Zu entnehmen und einzusenden sind drei doppelt unterbundene 15 cm lange Stücke, und zwar aus dem mittleren Teile des Ileum, etwa 2 m oberhalb sowie unmittelbar oberhalb der Ileocökalklappe. Besonders wertvoll ist das letztbezeichnete Stück, welches daher bei der Sendung niemals fehlen sollte.

B. Auswahl und Behandlung der zur Aufnahme des Materials bestimmten Gefäße.

Am geeignetsten sind starkwandige Pulvergläser mit eingeschliffenem Glasstöpsel und weitem Halse, in ihrer Ermangelung, Gläser mit glattem zylindrischen Halse, welche mit gut passenden, frisch ausgekochten Korken zu verschließen sind.

Die Gläser müssen vor dem Gebrauche frisch ausgekocht, dürfen dagegen nicht mit einer Desinfektionsflüssigkeit ausgespült werden.

Nach der Aufnahme des Materials sind die Gläser sicher zu verschließen, der Stöpsel ist mit Pergamentpapier zu überbinden; auch ist an jedem Glase ein Zettel fest aufzukleben oder sicher anzubinden, der genaue Angaben über den Inhalt unter Bezeichnung der Person, von welcher er stammt, und über die Zeit der Entnahme (Tag und Stunde) enthält.

C. Verpackung und Versendung.

In eine Sendung dürfen immer nur Untersuchungsmaterialien von einem Kranken oder einer Leiche gepackt werden. Ein Schein ist beizulegen, auf dem anzugeben sind: die einzelnen Bestandteile der Sendung, Name, Alter, Geschlecht des Kranken oder Gestorbenen, Ort der Erkrankung, Heimats- oder Herkunftsort bei den von auswärts zugereisten Personen, Krankheitsform, Tag und Stunde der Erkrankung und zutreffendenfalls des Todes. Zum Verpacken dürfen nur feste Kisten — keine Zigarrenkisten, Pappschachteln und dergleichen — benutzt werden. Deckgläschen werden in Fließpapier eingeschlagen und mit Watte in einem leeren Deckglasschächtelchen fest verpackt. Die Gläser und Schächtelchen sind in den Kisten mittels Holzwolle, Heu, Stroh, Watte und dergleichen so zu verpacken, daß sie unbeweglich liegen und nicht aneinander stoßen.

Die Sendung muß mit starkem Bindfaden umschnürt, versiegelt und mit der deutlich geschriebenen Adresse der Untersuchungsstelle sowie mit dem Vermerke „Vorsicht" versehen werden.

Bei Beförderung durch die Post ist die Sendung als „dringendes Paket" aufzugeben und der Untersuchungsstelle, an welche sie gerichtet ist, telegraphisch anzukündigen.

Bei der Entnahme, Verpackung und Versendung des Materials ist jeder unnütze Zeitverlust zu vermeiden, da sonst das Ergebnis der Untersuchung in Frage gestellt wird.

D. Versendung lebender Kulturen der Choleraerreger.

Die Versendung von lebenden Kulturen der Choleraerreger erfolgt in zugeschmolzenen Glasröhren, die, umgeben von einer weichen Hülle (Filtrierpapier und Watte oder Holzwolle), in einem durch übergreifenden Deckel gut verschlossenen Blechgefäße stehen; das letztere ist seinerseits noch in einer Kiste mit Holzwolle, Heu, Stroh oder Watte zu verpacken. Es empfiehlt sich, nur frisch angelegte Agarkulturen zu versenden.

Im übrigen sind die im Abschnitte C für die Verpackung und Versendung gegebenen Vorschriften zu befolgen.

Anlage 7.

Anleitung
für die
bakteriologische Feststellung der Cholera.

1. Untersuchungsverfahren.

1. **Mikroskopische Untersuchung**
   a) von Ausstrichpräparaten (wenn möglich von Schleimflocken). Färbung mit verdünnter Karbolfuchsinlösung (1:9);
   b) eines hängenden Tropfens, anzulegen mit Peptonlösung, sofort und nach halbstündigem Verweilen im Brutschrank, bei 37 Grad frisch und im gefärbten Präparate zu untersuchen.
2. **Gelatineplatten.**
   Menge der Aussaat eine Öse (womöglich eine Schleimflocke), zu den Verdünnungen je 3 Ösen. Zwei Serien zu je 3 Platten anzulegen, nach 18 stündigem Verweilen im Brutschranke bei 22 Grad bei schwacher Vergrößerung zu untersuchen, Klatsch= eventuell Ausstrichpräparate und Reinkulturen herstellen.
   (Wegen Zubereitung der Gelatine s. Anhang Nr. 1.)
3. **Agarplatten.***)
   Menge der Aussaat eine Öse, mit welcher die Oberflächen von 3 Platten nacheinander bestrichen werden. Zur größeren Sicherheit ist diese Aussaat

---

*) Anmerkung. Die Agarplatten müssen, ehe sie geimpft werden, eine halbe Stunde bei 37 Grad im Brutschranke mit der Fläche nach unten offen gehalten werden.

doppelt anzulegen. Es kann auch statt dessen so verfahren werden, daß eine Öse des Aussaatmaterials in 5 ccm Fleischbrühe verteilt und hiervon je 1 Öse auf je 1 Platte übertragen wird; in diesem Falle genügen 3 Platten. Nach 12- bis 18stündigem Verweilen im Brutschranke bei 37 Grad zu untersuchen wie bei 2.

(Wegen Zubereitung des Agar s. Anhang Nr. 2.)

4. Anreicherung mit Peptonlösung

a) **in Röhrchen** mit je 10 ccm Inhalt. Menge der Aussaat 1 Öse, Zahl der Röhrchen 6; nach 6- und 12stündigem Verweilen im Brutschranke bei 37 Grad mikroskopisch zu untersuchen; bei Entnahme der Probe darf das Röhrchen nicht geschüttelt werden; von einem Röhrchen, welches am meisten verdächtig ist, Cholerabakterien zu enthalten, werden für die weitere Untersuchung mit je einer von der Oberfläche der Flüssigkeit entnommenen Öse 3 Peptonröhrchen geimpft und je eine Serie Gelatine- und Agarplatten angelegt. Die Peptonröhrchen sind vor der Impfung im Brutschranke bei 37 Grad vorzuwärmen;

b) **im Kölbchen** mit 50 ccm Peptonlösung. Menge der Aussaat 1 ccm Kot, Zahl der Kölbchen 1; nach 6- und 12stündigem Verweilen im Brutschranke bei 37 Grad zu untersuchen wie bei a.

(Wegen Zubereitung der Peptonlösung s. Anhang Nr. 3.)

5. Anlegen von Reinkulturen.

Dasselbe erfolgt in der bekannten Weise, am besten von der Agarplatte aus, durch Fischen und Anlegen von Gelatinestichkulturen und Kulturen auf schräg erstarrtem Agar.

6. Prüfung der Reinkulturen

a) **durch Prüfung der Agglutinierbarkeit** (s. Anhang Nr. 4);

b) **durch den Pfeifferschen Versuch** (s. Anhang Nr. 5).

II. Gang der Untersuchung.

1. **Bei dem ersten Krankheitsfall an einem Orte.**

    Es sind sämtliche Verfahren anzuwenden und zwar in folgender Reihenfolge: 1. Impfung der Peptonröhrchen, 2. Herstellung der mikroskopischen Präparate, 3. Anfertigung von Gelatine- und Agarplatten, 4. Untersuchung der mikroskopischen Präparate, 5. Herstellung von Reinkulturen, 6. Prüfung derselben vermittels des Agglutinations- sowie des Pfeifferschen Versuchs.

2. **Bei den weiteren Krankheitsfällen** ist ebenso wie bei ersten Fällen zu verfahren, jedoch sind statt 6 nur 3 Peptonröhrchen, statt je 2 nur je 1 Serie der Gelatine- und Agarplatten, statt letzterer eventuell auch Röhrchen mit schräg erstarrtem Agar zu impfen. Prüfung der verdächtigen Kolonien vermittels des Agglutinationsversuchs.

3. **Bei Ansteckungsverdächtigen und bei Genesenen.**

    Die mikroskopische Untersuchung fällt fort, falls nicht die Ausleerungen choleraartig sind. Statt der 6 Peptonröhrchen 1 Peptonkölbchen (s. I. 4b). Von da aus Anlegen je einer Serie Gelatine- und Agarplatten. Prüfung der verdächtigen Kolonien vermittels des Agglutinationsversuchs. Sonst wie bei 2.

4. **Wasseruntersuchung.**

    Mindestens 1 Liter des zu untersuchenden Wassers wird mit 1 Kölbchen (100 ccm) der Pepton-Stammlösung versetzt und gründlich durchgeschüttelt, dann in Kölbchen zu je 100 ccm verteilt und nach 8- und 12stündigem Verweilen im Brutschranke bei 37 Grad in der Weise untersucht, daß mit Tröpfchen, welche aus der obersten Schicht entnommen sind, mikroskopische Präparate und von demjenigen Kölbchen, an dessen Oberfläche nach Ausweis des mikroskopischen Präparats die meisten Vibrionen vorhanden sind, Peptonröhrchen, Gelatine- und Agarplatten angelegt und wie bei 1 weiter untersucht werden. Zur Prüfung der Reinkulturen Agglutinations- und Pfeifferscher Versuch.

III. Beurteilung des Befundes.*)

Zu II. 1. (bei den ersten Krankheitsfällen).

Die Diagnose Cholera ist erst dann als sicher anzusehen, wenn sämtliche Untersuchungsverfahren ein positives Ergebnis haben; wichtig ist namentlich eine hohe Agglutinierbarkeit (s. Anhang 4b), und der positive Ausfall des Pfeifferschen Versuchs. Ergibt sich bei der mikroskopischen Untersuchung eine Reinkultur von Vibrionen in der charakteristischen Anordnung, und finden sich auf der Gelatineplatte Kolonien von typischem Aussehen, so kann die vorläufige Diagnose Cholera gestellt, vor Abgabe der endgültigen Diagnose muß aber das Ergebnis der ganzen Untersuchung abgewartet werden.

Zu II. 2. (bei den weiteren Krankheitsfällen).

Die Diagnose Cholera kann schon gestellt werden, wenn die mikroskopische Untersuchung, die Untersuchung der Kolonien in Gelatine und auf Agar und der Agglutinationsversuch im hängenden Tropfen positiv ausgefallen sind.

Gibt die Agglutinationsprobe im hängenden Tropfen nicht völlig einwandfreie Resultate, so ist die quantitative Bestimmung der Agglutinierbarkeit vorzunehmen, sobald eine Reinkultur von der verdächtigen Kolonie gewonnen worden ist.

Zu II. 3. (bei Ansteckungsverdächtigen und bei Genesenen).

Cholera ist bei Ansteckungsverdächtigen als nicht vorhanden anzusehen, wenn bei zwei, durch einen Tag

---

Anmerkung: In allen Fällen, in denen bei der Untersuchung der Verdacht entsteht, daß aus irgend einer Veranlassung, z. B. infolge von Zusatz eines Desinfektionsmittels, das Untersuchungsmaterial nicht einwandsfrei ist, muß sofort telegraphisch neues Material eingefordert werden.

von einander getrennten Untersuchungen des Stuhlganges keine Cholerabakterien gefunden worden sind.

Genesene sind als nicht mehr ansteckungsfähig anzusehen, wenn dieselbe Untersuchung an drei, durch je einen Tag getrennten Tagen negativ ausgefallen ist.

Zu II. 4. (Wasser).

Etwa im Wasser nachgewiesene Vibrionen sind nur dann als Cholerabakterien anzusprechen, wenn die Agglutinierbarkeit eine entsprechende Höhe hat und der Pfeiffersche Versuch positiv ausgefallen ist.

IV. Feststellung abgelaufener Cholerafälle.

Abgelaufene choleraverdächtige Krankheitsfälle lassen sich feststellen durch Untersuchung des Blutserums der Erkrankten. Aus dem vermittels Schröpfkopfs oder Venenpunktion am Vorderarme gewonnenen Blute stellt man mindestens 1 ccm Serum her und macht damit verschiedene abgestufte Verdünnungen mit 0,8 Prozent Kochsalzlösung behufs Prüfung auf agglutinierende Eigenschaften gegenüber einer bekannten frischen Cholerakultur und behufs Anstellung des Pfeifferschen Versuchs (s. Anhang Nr. 5).

Anhang.

1. Bereitung der Gelatine.
   a) Herstellung von Fleischwasserpeptonbrühe: ½ kg in Stücken gekauftes und im Laboratorium zerkleinertes fettfreies Rindfleisch wird mit 1 Liter Wasser angesetzt, 24 Stunden lang in der Kälte oder 1 Stunde lang bei 37 Grad digeriert und durch ein Seihtuch gepreßt. Von diesem Fleischwasser wird 1 Liter mit 10 g Peptonum siccum Witte und 5 g Kochsalz versetzt, ½ Stunde lang gekocht, mit Sodalösung alkalisch gemacht, ¾ Stunden lang gekocht und filtriert.
   b) Herstellung der Gelatine: Zu 1 Liter Fleischwasserpeptonbrühe werden 100 g Gelatine gesetzt, bei gelinder Wärme gelöst, alkalisch gemacht — die erforderliche

Alkalescenz wird erreicht, wenn nach Herstellung des Lackmusneutralpunkts auf 100 ccm Gelatine, 3 ccm einer 10prozentigen Lösung von krystallisiertem kohlensaurem Natrium zugesetzt werden —, ³/₄ Stunden lang in strömendem Dampfe erhitzt und filtriert.

2. Bereitung des Agars.

a) Herstellung von Fleischwasserpeptonbrühe: Wie zu 1a.

b) Herstellung des Agars: Zu 1 Liter Fleischwasserpeptonbrühe werden 30 g Agar hinzugesetzt, alkalisiert wie bei 1b, entsprechend lange gekocht und filtriert.

3. Bereitung der Peptonlösung.

a) Herstellung der Stammlösung: In 1 Liter destilliertem sterilisiertem Wasser werden 100 g Peptonum siccum Witte, 100 g Kochsalz, 1 g Kaliumnitrat und 2 g krystallisiertes kohlensaures Natrium in der Wärme gelöst, die Lösung wird filtriert, in Kölbchen zu je 100 ccm abgefüllt und sterilisiert.

b) Herstellung der Peptonlösung: Von der vorstehenden Stammlösung wird eine Verdünnung von $1 + 9$ Wasser hergestellt und zu je 10 ccm in Röhrchen und zu je 50 ccm in Kölbchen abgefüllt und sterilisiert.

4. Agglutinationsversuch

a) im hängenden Tropfen (in 0,8 Prozent Kochsalz) bei schwacher Vergrößerung. Es muß mit dem spezifischen Serum in zwei verschiedenen Konzentrationen sofort, spätestens aber während eines 20 Minuten langen Verweilens im Brutschranke bei 37 Grad deutliche Häufchenbildung eintreten. Zur Kontrolle ist ein Präparat mit einer 10 mal so starken Konzentration von normalem Serum derselben Tierart, von welcher das Testserum stammt, herzustellen und zu untersuchen. Bei diesem Untersuchungsverfahren ist zu berücksichtigen, daß es Vibrionenarten gibt, welche sich im hängenden Tropfen so schwer verreiben lassen, daß leicht Häufchenbildung vorgetäuscht wird.

b) **Quantitative Bestimmung der Agglutinierbarkeit.** Mit dem Testserum werden durch Vermischen mit 0,8 Prozent (behufs völliger Klärung zweimal durch gehärtete Filter filtrierter) Kochsalzlösung Verdünnungen im Verhältnisse von 1:50, 1:100, 1:500, 1:1000 und 1:2000 hergestellt. Von diesen Verdünnungen wird je 1 ccm in Reagensröhrchen gegeben, und je eine Öse der zu prüfenden Agarkultur darin verrieben und durch Schütteln gleichmäßig verteilt. Nach einstündigem Verweilen im Brutschranke bei 37 Grad werden die Röhrchen herausgenommen und besichtigt, und zwar am besten so, daß man sie schräg hält und von unten nach oben mit dem von der Zimmerdecke zurückgeworfenen Tageslicht bei schwacher Lupenvergrößerung betrachtet. Der Ausfall des Versuchs ist nur dann als positiv anzusehen, wenn unzweifelhafte Häufchenbildung (Agglutination) erfolgt ist.

Bei jeder Untersuchung müssen Kontrollversuche angestellt werden und zwar:

1. mit der verdächtigen Kultur und mit normalem Serum derselben Tierart, aber in 10 fach stärkerer Konzentration;

2. mit derselben Kultur und mit der Verdünnungsflüssigkeit;

3. mit einer bekannten Cholerakultur von gleichem Alter wie die zu untersuchende Kultur, und mit dem Testserum.

5. **Pfeifferscher Versuch.** Das hierzu verwendete Serum muß möglichst hochwertig sein, mindestens sollen 0,0002 g des Serums genügen, um bei Injektion von einer Mischung einer Öse (1 Öse = 2 mg) einer 18 stündigen Choleraagarkultur von konstanter Virulenz und 1 ccm Nährbouillon die Cholerabakterien innerhalb einer Stunde im Meerschweinchen-Peritoneum zur Auflösung unter Körnchenbildung zu bringen, d. h. das Serum muß mindestens einen Titer von 0,0002 g haben.

Zur Ausführung des Pfeifferschen Versuchs sind vier Meerschweinchen von je 200 g Gewicht erforderlich.

Tier A erhält das 5fache der Titerdosis, also 1 mg von einem Serum mit Titer 0,0002;

Tier B erhält das 10fache der Titerdosis, also 2 mg des Serums;

Tier C dient als Kontrolltier und erhält das 50fache der Titerdosis, also 10 mg vom normalen Serum derselben Tierart, von welcher das bei Tier A und B benutzte Serum stammt.

Sämtliche Tiere erhalten diese Serumdosen gemischt mit je einer Öse der zu untersuchenden, 18 Stunden bei 37 Grad auf Agar gezüchteten Kultur in 1 ccm Fleischbrühe (nicht in Kochsalz- oder Peptonlösung) in die Bauchhöhle eingespritzt.

Tier D erhält nur 1/4 Öse Cholerakultur in die Bauchhöhle zum Nachweis, ob die Kultur für Meerschweinchen virulent ist.

Zur Einspritzung benützt man eine Hohlnadel mit abgestumpfter Spitze. Die Einspritzung in die Bauchhöhle geschieht nach Durchschneidung der äußeren Haut; es kann dann mit Leichtigkeit die Hohlnadel in den Bauchraum eingestoßen werden. Die Entnahme des Peritonealexsudats zur mikroskopischen Untersuchung im hängenden Tropfen erfolgt vermittels Haarröhrchen gleichfalls an dieser Stelle. Die Betrachtung des Exsudats geschieht im hängenden Tropfen bei starker Vergrößerung, und zwar 20 Minuten und 1 Stunde nach der Einspritzung.

Bei Tier A und B muß nach 20 Minuten, spätestens nach 1 Stunde typische Körnchenbildung oder Auflösung der Vibrionen erfolgt sein, während bei Tier C und D eine große Menge lebhaft beweglicher und in ihrer Form gut erhaltener Vibrionen vorhanden sein muß. Damit ist die Diagnose gesichert.

Behufs Feststellung abgelaufener Cholerafälle ist der Pfeiffersche Versuch in folgender Weise anzustellen:

Es werden Verdünnungen des Serums des verdächtigen Menschen mit 20, 100 und 500 Teilen der Fleischbrühe hergestellt, und davon je 1 ccm mit je einer Öse einer 18stündigen Agarkultur virulenter Choleravibrionen vermischt, je einem Meerschweinchen von 200 g Gewicht in die Bauchhöhle eingespritzt. Ein Kontrolltier erhält ¼ Öse der gleichen Kultur ohne Serum in 1 ccm Fleischbrühe aufgeschwemmt in die Bauchhöhle eingespritzt.

Bei positivem Ausfall der Reaktion nach 20 beziehungsweise 60 Minuten ist anzunehmen, daß der betreffende Mensch, von welchem das Serum stammt, die Cholera überstanden hat.

Anlage 8.

Desinfektionsanweisung bei Cholera.

I. Desinfektionsmittel.

a) Kreosol, Karbolsäure.

1. Verdünntes Kresolwasser. Zur Herstellung wird ein Gewichtsteil Kresolseifenlösung (Liquor Cresoli saponatus des Arzneibuchs für das Deutsche Reich, vierte Ausgabe) mit 19 Gewichtsteilen Wasser gemischt. 100 Teile enthalten annähernd 2,5 Teile rohes Kresol. Das Kresolwasser (Aqua cresolica des Arzneibuchs für das Deutsche Reich) enthält in 100 Teilen 5 Teile rohes Kresol, ist also vor dem Gebrauche mit gleichen Teilen Wasser zu verdünnen.

2. Karbolsäurelösung. 1 Gewichtsteil verflüssigte Karbolsäure (Acidum carbolicum liquefactum) wird mit 30 Gewichtsteilen Wasser gemischt.

b) Chlorkalk.

Der Chlorkalk hat nur dann eine ausreichende desinfizierende Wirkung, wenn er frisch bereitet und in wohlverschlossenen Gefäßen aufbewahrt ist; er muß stark nach Chlor riechen. Er wird in Mischung von 1:50 Gewichtsteilen Wasser verwendet.

c) Kalk, und zwar:

1. Kalkmilch. Zur Herstellung wird 1 Liter zerkleinerter reiner gebrannter Kalk, sogenannter Fettkalk, mit 4 Liter Wasser gemischt, und zwar in folgender Weise:

Es wird von dem Wasser etwa ³/₄ Liter in das zum Mischen bestimmte Gefäß gegossen und dann der Kalk hinein=

gelegt. Nachdem der Kalk das Wasser aufgesogen hat und dabei zu Pulver zerfallen ist, wird er mit dem übrigen Wasser zu Kalkmilch verrührt.

2. **Kalkbrühe**, welche durch Verdünnung von 1 Teil Kalkmilch mit 9 Teilen Wasser frisch bereitet wird.

d) Kaliseife.

3 Gewichtsteile Kaliseife (sogenannte Schmierseife oder grüne Seife oder schwarze Seife) werden in 100 Gewichtsteilen siedend heißem Wasser gelöst (z. B. $^1/_2$ kg Seife in 17 Liter Wasser).

Diese Lösung ist heiß zu verwenden.

e) Formaldehyd.

Der Formaldehyd ist ein stark riechendes, auf die Schleimhäute der Luftwege, der Nase, der Augen reizend wirkendes Gas, das aus einer im Handel vorkommenden, etwa 35 prozentigen wässerigen Lösung des Formaldehyds (Formaldehydum solutum des Arzneibuchs) durch Kochen oder Zerstäubung mit Wasserdampf oder Erhitzen sich entwickeln läßt. Die Formaldehydlösung ist bis zur Benutzung gut verschlossen und vor Licht geschützt aufzubewahren.

Der Formaldehyd in Gasform ist für die Desinfektion geschlossener oder allseitig gut abschließbarer Räume verwendbar und eignet sich zur Vernichtung von Krankheitskeimen, die an freiliegenden Flächen oberflächlich oder doch nur in geringer Tiefe haften. Zum Zustandekommen der desinfizierenden Wirkung sind erforderlich:

vorgängiger allseitig dichter Abschluß des zu desinfizierenden Raumes durch Verklebung, Verkittung aller Undichtigkeiten der Fenster und Türen, der Ventilationsöffnungen und dergleichen;

Entwicklung von Formaldehyd in einem Mengenverhältnisse von wenigstens 5 g auf je 1 cbm Luftraum;

gleichzeitige Entwicklung von Wasserdampf bis zu einer vollständigen Sättigung der Luft des zu desinfizierenden Raumes (auf 100 cbm Raum sind 3 Liter Wasser zu verdampfen);

wenigstens 7 Stunden andauerndes ununterbrochenes Verschlossenbleiben des mit Formaldehyd und Wasserdampf erfüllten Raumes; diese Zeit kann bei Entwicklung doppelt großer Mengen von Formaldehyd auf die Hälfte abgekürzt werden.

Formaldehyd kann in Verbindung mit Wasserdampf von außen her durch Schlüssellöcher, durch kleine in die Tür gebohrte Öffnungen und dergleichen in den zu desinfizierenden Raum geleitet werden. Werden Türen und Fenster geschlossen vorgefunden und sind keine anderen Öffnungen (z. B. für Ventilation, offene Ofentüren) vorhanden, so empfiehlt es sich, die Desinfektion mittels Formaldehyds auszuführen, ohne vorher das Zimmer zu betreten, beziehungsweise ohne die vorherigen Abdichtungen vorzunehmen; für diesen Fall ist die Entwicklung wenigstens viermal größerer Mengen Formaldehyds, als sie für die Desinfektion nach geschehener Abdichtung angegeben sind, erforderlich.

Die Desinfektion mittels Formaldehyds darf nur nach bewährten Methoden ausgeübt und nur geübten Desinfektoren anvertraut werden, die für jeden einzelnen Fall mit genauer Anweisung zu versehen sind. Nach Beendigung der Desinfektion empfiehlt es sich, zur Beseitigung des den Räumen noch anhaftenden Formaldehydgeruchs Ammoniakgas einzuleiten.

f) Dampfapparate.

Als geeignet können nur solche Apparate und Einrichtungen angesehen werden, welche von Sachverständigen geprüft sind.

Auch Notbehelfseinrichtungen können unter Umständen ausreichen.

Die Prüfung derartiger Apparate und Einrichtungen hat sich zu erstrecken namentlich auf die Anordnung der Dampfzuleitung und -ableitung, auf die Handhabungsweise und die für eine gründliche Desinfektion erforderliche Dauer der Dampfeinwirkung.

Die Bedienung der Apparate usw. ist, wenn irgend angängig, wohlunterrichteten Desinfektoren zu übertragen.

g) Siedehitze.

Auskochen in Wasser, Salzwasser oder Lauge wirkt desinfizierend. Die Flüssigkeit muß die Gegenstände vollständig bedecken und mindestens 10 Minuten lang im Sieden gehalten werden.

Unter den angeführten Desinfektionsmitteln ist die Auswahl nach Lage der Umstände zu treffen. Es ist zulässig, daß seitens der beamteten Ärzte unter Umständen auch andere in bezug auf ihre desinfizierende Wirksamkeit erprobte Mittel angewendet werden; die Mischungs- beziehungsweise Lösungsverhältnisse sowie die Verwendungsweise solcher Mittel sind so zu wählen, daß der Erfolg der Desinfektion nicht nachsteht einer mit den unter a bis g bezeichneten Mitteln ausgeführten Desinfektion.

II. **Anwendung der Desinfektionsmittel im einzelnen.***)

1. Die Ausscheidungen der Kranken (Stuhlgang, Urin und Erbrochenes) sind mit dem unter Ia beschriebenen verdünnten Kresolwasser oder mit Chlorkalk (Ib) oder mit Kalkmilch (Ic) oder durch Siedehitze (Ig) zu desinfizieren. Die Desinfektionsflüssigkeit ist in mindestens gleicher Menge den Ausscheidungen zuzusetzen und mit ihnen gründlich zu verrühren.

Die Gemische sollen mindestens zwei Stunden stehen bleiben und dürfen erst dann beseitigt werden. Von Chlorkalk sind mindestens zwei gehäufte Eßlöffel voll in Pulverform auf ½ Liter der Abgänge zuzusetzen und gut damit zu mischen. Die so behandelten Abgänge können bereits nach 20 Minuten beseitigt werden.

Zur Reinigung der Kranken benutzte Tücher und dergleichen sind unmittelbar nach dem Gebrauch in verdünntes

---

*) Worauf sich die Desinfektion bei Cholera zu erstrecken hat, ist in den §§. 21 Abs. 2, 23 Abs. 1 und 2, 24, 25, 28 Abs. 1, 29 Abs. 4, 31 Abs. 1, 39 Abs. 2 der Anweisung bezeichnet.

Kresolwasser (Ia) zu legen, so daß sie von der Flüssigkeit vollständig bedeckt sind. Nach Ablauf von zwei Stunden können sie ausgewaschen werden.

Schmutzwässer sind mit Chlorkalk oder Kalkmilch zu desinfizieren, und zwar ist vom Chlorkalk so viel zuzusetzen, bis die Flüssigkeit stark nach Chlor riecht, von Kalkmilch so viel, daß das Gemisch rotes Lackmuspapier stark und dauernd blau färbt. In allen Fällen darf die Flüssigkeit erst nach zwei Stunden abgegossen werden. Badewässer sind wie Schmutzwässer zu behandeln.

Abtritte sind in der Weise zu desinfizieren, daß die Sitze gründlich mit verdünntem Kresolwasser oder Kalkmilch abgewaschen werden und in die Sitzöffnungen reichlich Kalkmilch eingegossen wird. Der Inhalt der Abtrittgruben ist reichlich mit Kalkmilch zu übergießen und, solange die Epidemie dauert, tunlichst nicht auszuleeren. Der Inhalt von Tonnen, Kübeln und dergleichen, welche zum Auffangen des Kotes in den Abtritten dienen, ist unter Umrühren mit ungefähr gleichen Teilen Kalkmilch zu versetzen und erst zu entfernen, nachdem er mindestens 24 Stunden mit dem Desinfektionsmittel in Berührung gewesen war; die Tonnen und dergleichen sind nach dem Entleeren reichlich mit Kalkmilch außen und innen zu bestreichen.

2. Hände und sonstige Körperteile müssen jedesmal, wenn sie mit infizierten Dingen (Ausscheidungen der Kranken, beschmutzter Wäsche usw.) in Berührung gekommen sind, durch gründliches Waschen mit verdünntem Kresolwasser oder Karbolsäurelösung (Ia) desinfiziert werden.

3. Bett- und Leibwäsche sowie waschbare Kleidungsstücke und dergleichen sind entweder auszukochen (Ig) oder in ein Gefäß mit verdünntem Kresolwasser oder Karbolsäurelösung (Ia) zu stecken. Die Flüssigkeit muß in den Gefäßen die eingetauchten Gegenstände vollständig bedecken. In dem Kresolwasser oder der Karbolsäurelösung bleiben die Gegenstände wenigstens zwei Stunden. Dann werden sie mit Wasser gespült und weiter gereinigt. Das dabei ablaufende Wasser kann als unverdächtig behandelt werden.

4. Kleidungsstücke, die nicht gewaschen werden können, Matratzen, Teppiche und alles, was sich zur Dampfdesinfektion eignet, sind in Dampfapparaten zu desinfizieren (If).

5. Alle diese zu desinfizierenden Gegenstände sind beim Zusammenpacken und bevor sie nach den Desinfektionsanstalten oder -apparaten geschafft werden, in Tücher, welche mit Karbolsäurelösung (Ia) angefeuchtet sind, einzuschlagen und, wenn möglich, in gut schließenden Gefäßen zu verwahren.

Wer solche Wäsche usw. vor der Desinfektion angefaßt hat, muß seine Hände in der unter Ziffer 2 angegebenen Weise desinfizieren.

6. Zur Desinfektion infizierter oder der Infektion verdächtiger Räume, namentlich solcher, in denen Kranke sich aufgehalten haben, sind zunächst die Lagerstellen, Gerätschaften und dergleichen, ferner die Wände und der Fußboden, unter Umständen auch die Decke mittels Lappen, die mit verdünntem Kresolwasser oder Karbolsäurelösung (Ia) getränkt sind, gründlich abzuwaschen; besonders ist darauf zu achten, daß diese Lösungen auch in alle Spalten, Risse und Fugen eindringen.

Die Lagerstellen von Kranken oder von Verstorbenen und die in der Umgebung auf wenigstens 2 m Entfernung befindlichen Gerätschaften, Wand- und Fußbodenflächen sind bei dieser Desinfektion besonders zu berücksichtigen.

Alsdann sind die Räumlichkeiten und Gerätschaften mit einer reichlichen Menge Wasser oder Kaliseifenlösung (Id) zu spülen. Nach ausgeführter Desinfektion ist gründlich zu lüften.

7. Die Anwendung des Formaldehyds empfiehlt sich besonders zur sogenannten Oberflächendesinfektion (vgl. Ie Absatz 3).

Nach voraufgegangener Desinfektion mittels Formaldehyds können nur die Wände, die Zimmerdecke, die freien glatten Flächen der Gerätschaften als desinfiziert gelten. Alles übrige, namentlich alle diejenigen Teile, welche Risse und Fugen aufweisen, sind gemäß den vorstehend gegebenen Vorschriften zu desinfizieren.

8. Gegenstände aus Leder, Holz- und Metallteile von Möbeln sowie ähnliche Gegenstände werden sorgfältig und wiederholt mit Lappen abgerieben, die mit verdünntem Kresolwasser oder Karbolsäurelösung (Ia) befeuchtet sind. Die gebrauchten Lappen sind zu verbrennen.

Pelzwerk wird auf der Haarseite bis auf die Haarwurzel mit verdünntem Kresolwasser oder Karbolsäurelösung (Ia) durchweicht. Nach zwölfstündiger Einwirkung der Desinfektionsflüssigkeit darf es ausgewaschen und weiter gereinigt werden.

Plüsch- und ähnliche Möbelbezüge werden nach Ziffer 3 und 4 desinfiziert oder mit verdünntem Kresolwasser oder Karbolsäurelösung (Ia) durchfeuchtet, feucht gebürstet und mehrere Tage hintereinander gelüftet und dem Sonnenlicht ausgesetzt.

Von Kranken benutzte Eß- und Trinkgeschirre oder Geräte sind entweder auszukochen (Ig) oder mit heißer Kaliseifenlösung (Id) $1/2$ Stunde lang stehen zu lassen und dann gründlich zu spülen. Waschbecken, Spucknäpfe, Nachttöpfe und dergleichen werden nach Desinfektion des Inhalts (Ziffer 1) gründlich mit verdünntem Kresolwasser ausgescheuert.

9. Gegenstände von geringem Werte (Inhalt von Strohsäcken, gebrauchte Lappen und dergleichen) sind zu verbrennen.

10. Durch Ausscheidungen von Kranken beschmutzte Erde, Pflaster sowie Rinnsteine, offene Dungstätten, Stallungen werden durch Übergießen mit verdünntem Kresolwasser (Ia) oder Kalkmilch (Ic 1) desinfiziert.

11. Soll sich die Desinfektion auch auf Personen erstrecken, so ist dafür Sorge zu tragen, daß sie ihren ganzen Körper mit Seife abwaschen und ein vollständiges Bad nehmen. Ihre Kleider und Effekten sind nach Ziffer 3 und 4 zu behandeln, das Badewasser nach Ziffer 1.

12. Die Leichen der Gestorbenen sind in Tücher zu hüllen, welche mit einer der unter Ia aufgeführten desinfizierenden Flüssigkeiten getränkt sind, und alsdann in dichte Särge zu legen, welche am Boden mit einer reichlichen Schicht

Sägemehl, Torfmull oder anderen aufsaugenden Stoffen bedeckt sind.

13. Die Desinfektion des Kiel=(Bilge=)Raums der im Fluß= und Binnenschiffahrtsverkehre benutzten Fahrzeuge, die Desinfektion des Ballastwassers und des etwa infizierten Trinkwassers ist nach den Vorschriften über die gesundheitspolizeiliche Kontrolle der einen deutschen Hafen anlaufenden Seeschiffe zu bewirken.

14. Abweichungen von den Vorschriften unter Ziffer 1 bis 13 sind zulässig, soweit nach dem Gutachten des beamteten Arztes die Wirkung der Desinfektion gesichert ist.

Anlage 9.

Grundsätze
für die
gesundheitliche Überwachung des Binnenschiffahrts- und Flößereiverkehrs.

---

1. Zur Verhütung der Choleraverbreitung durch den Binnenschiffahrts- oder Flößereiverkehr werden (falls nicht für einzelne Stromstrecken Einschränkungen sich empfehlen) alle stromauf- oder stromabwärts fahrenden oder auf dem Strome liegenden Fahrzeuge (Schiffe jeder Art und Größe sowie Flöße) womöglich täglich nach Maßgabe der nachstehenden Vorschriften ärztlich untersucht. Die ärztliche Untersuchung erfolgt in Überwachungsbezirken entweder auf dem Strome während der Fahrt oder an bestimmten Überwachungsstellen. Um dem Überwachungsdienst innerhalb eines in Betracht kommenden Stromgebiets die erforderliche Einheitlichkeit zu sichern, ist es zweckmäßig, die Leitung des gesamten Dienstes einem hierfür besonders zu ernennenden Kommissar zu übertragen.

Inwieweit Dienstfahrzeuge der Überwachung unterliegen sollen, richtet sich nach den besonderen Vereinbarungen zwischen dem Kommissar und den beteiligten Verwaltungen.

2. Es empfiehlt sich, jedem Überwachungsbezirke mindestens zwei Ärzte zuzuteilen. Dem einem Arzte wird die Leitung des gesamten Überwachungsdienstes innerhalb des Bezirkes, einem anderen die Stellvertretung des Leiters, im Falle derselbe amtlich in Anspruch genommen oder sonst behindert ist, übertragen.

Dem leitenden Ärzte wird seitens der zuständigen Verwaltungsbehörde das nötige Personal an Polizeibeamten,

Bootsleuten, Krankenwärtern und Mannschaften zur Fortschaffung von Kranken und Verstorbenen und zur Durchführung der Desinfektion überwiesen, soweit es nicht für zweckmäßig erachtet wird, die Annahme desselben den leitenden Ärzten selbst zu übertragen.

Innerhalb eines Bezirkes können nach Bedarf Nebenüberwachungsstellen eingerichtet werden, welche in der Regel nur mit einem Arzte zu besetzen sind.

3. Für den Dienst auf dem Strome wird für jeden Überwachungsbezirk mindestens ein Dampfer bereit gestellt.

Die Dampfer sind mit den nötigen Arznei= und Desinfektionsmitteln, einer Krankentrage und mit einem so ausreichenden Vorrat an einwandfreiem Trinkwasser dauernd ausgerüstet zu halten, daß von letzterem erforderlichenfalls ein Teil an die vorüberkommenden Fahrzeuge abgegeben werden kann.

Neben den Dampfern sind für jeden Überwachungsbezirk die nötigen Boote zur Verfügung zu stellen.

Sämtliche Dienstfahrzeuge der Überwachungsbezirke führen eine weiße Flagge.

Es empfiehlt sich, die etwaigen Telephonanlagen der Strombau= oder anderer Verwaltungen für den Überwachungsdienst zur Verfügung zu stellen.

4. Jede Überwachungsstelle ist durch eine weithin sichtbare Tafel mit der Aufschrift „Überwachungsstelle — Halt!" und durch eine große weiße Flagge kenntlich zu machen.

In jedem Überwachungsbezirk und zwar in möglichster Nähe der Überwachungsstellen sind, falls nicht bereits vorhanden, Einrichtungen zu treffen, welche gesondert

a) die Unterbringung und Behandlung von Kranken,

b) die Unterbringung und Beobachtung von Verdächtigen ermöglichen.

Auch sind die erforderlichen Desinfektionsmittel in genügender Menge zu beschaffen und bereitzuhalten.

An den Überwachungsstellen und anderen geeigneten Orten der Überwachungsbezirke, insbesondere den regelmäßigen Anlegestellen, ist dafür Sorge zu tragen, daß die Fahrzeuge einwandfreies Trinkwasser einnehmen können. Die Stellen, an denen das Wasser zu entnehmen ist, sind durch Tafeln oder dergl. kenntlich zu machen, auf denen in weithin lesbarer Schrift der Vermerk „Wasser für Schiffer" anzubringen sein wird. Die mit dem Untersuchungsdienste betrauten Beamten haben darauf zu achten, daß jedes Fahrzeug brauchbares Trinkwasser an Bord hat. Bei jeder Schiffsuntersuchung ist die Bemannung eindringlich vor der Gefahr des Trinkens und sonstiger Benutzung von Fluß- und Kanalwasser zu warnen. Auch ist dahin zu wirken, daß jeder Schiffsführer sich im Besitze der Druckschrift: „Wie schützt sich der Schiffer vor der Cholera? Zusammengestellt im Kaiserlichen Gesundheitsamte", befindet. *Zu Anlage 9.*

Es ist Vorsorge zu treffen, daß im Bedarfsfalle die Benutzung von Begräbnisplätzen für Beerdigung von Choleraleichen nicht auf Schwierigkeiten stößt.

Die Vorstände der Überwachungsbezirke haben bei jeder Gelegenheit darauf zu achten und dahin zu wirken, daß nichts, was zur Verbreitung der Cholera geeignet ist, insbesondere nicht Stuhlentleerungen, undesinfiziert in das Wasser gelangen. Es ist darauf hinzuwirken, daß besondere Gefäße zur Aufnahme von Stuhlentleerungen auf jedem Fahrzeuge vorhanden sind.

5. Die in dem Stromgebiete verkehrenden Fahrzeuge sind, unbeschadet der für die regelmäßig verkehrenden Personendampfer etwa anzuordnenden Ausnahmen, zu verpflichten, an jeder Überwachungsstelle ohne Aufforderung anzuhalten und das Untersuchungspersonal an Bord zu nehmen.

Dieselbe Verpflichtung ist den auf dem Strome befindlichen Fahrzeugen für den Fall aufzuerlegen, daß sie von dem durch die weiße Flagge kenntlichen Untersuchungsfahrzeuge durch einen Befehl (Anrufen, Dampfpfeife, Glockenzeichen oder Heben und Senken der Flagge) dazu aufgefordert werden.

Jedes auf dem Strome verkehrende Fahrzeug hat eine gelbe und eine schwarze Flagge bei sich zu führen. Die gelbe Flagge ist bei dem Vorhandensein einer unter den Erscheinungen der Cholera erkrankten Person, die schwarze Flagge bei dem

Vorhandensein einer Leiche aufzuziehen. Fahrzeuge, auf denen sich eine solche Person oder eine Leiche befindet, haben bei Annäherung eines Untersuchungsfahrzeugs ohne Aufforderung zu halten.

In welchem Umfange der Schiffahrtsverkehr während der Nachtstunden zu beschränken ist, wird mit Rücksicht auf die dabei in Betracht kommenden Umstände (örtliche Verhältnisse, Jahreszeit) festzusetzen sein.

6. Die in Nr. 1 vorgesehene Untersuchung ist so zu handhaben, daß den Fahrzeugen ein möglichst geringer Aufenthalt bereitet und der Verkehr so wenig als möglich gehemmt wird. Sie wird folgendermaßen ausgeführt:

Der Arzt begibt sich, nötigenfalls in Begleitung eines Polizeibeamten, auf das Fahrzeug und unterzieht alle auf diesem befindlichen Personen einer Untersuchung auf Choleraerkrankung, der begleitende Polizeibeamte durchsucht das Fahrzeug nach etwa versteckten Personen. Werden Personen, welche unter den Erscheinungen der Cholera erkrankt sind, vorgefunden, so sind sie sofort vom Fahrzeuge zu entfernen, ebenso grundsätzlich die übrigen Insassen. Diese sind in den in Nr. 4 bezeichneten Räumen unterzubringen. Sofern zur Absonderung der anscheinend Gesunden ausreichende Unterkunftsräume nicht vorhanden sind, können solche Personen vorläufig auf dem Fahrzeuge belassen werden.

Die Beobachtung der anscheinend Gesunden hat fünf Tage zu dauern. Ereignete sich die Erkrankung auf einem dem regelmäßigen Personenverkehr dienenden Dampfer, so werden nach Lage des Falles weniger störende Anordnungen zu treffen sein.

Zur Fortschaffung von Kranken sind die Untersuchungsfahrzeuge tunlichst nicht zu benutzen. In der Regel wird dazu der Handkahn des untersuchten Fahrzeugs verwendet werden können. Derselbe ist vor der Zurückgabe zu desinfizieren.

Von den Ausleerungen der Kranken ist sofort eine Probe an die dazu bestimmte Untersuchungsstelle abzusenden. Zur

Versendung geeignete Gefäße und Verpackungsmaterial sind vorrätig zu halten.

Die Kleidungs- und Wäschestücke der Kranken sind sofort zu desinfizieren. Das Bettstroh ist zu verbrennen. Die Wohn- und Schlafräume, die Küche, der Abort beziehungsweise das zu Stuhlentleerungen bestimmte Gefäß, sowie das Kiel=(Bilge=)Wasser des Fahrzeugs, auf welchem ein Kranker vorgefunden wurde, sind zu desinfizieren; außerdem sind alle Räume des Fahrzeugs auf etwa vorhandene Ausleerungen zu durchsuchen.

Für die Bewachung des geräumten Fahrzeugs ist Sorge zu tragen.

Die erforderlichen Desinfektionen sind nach Maßgabe der Desinfektionsanweisung bei Cholera auszuführen.

7. Die vorgeschriebenen Desinfektionsmaßregeln sind unter der persönlichen Verantwortung des leitenden Arztes auszuführen, und zwar, bis völlig sichere Hülfskräfte heran= gebildet sind, unter der persönlichen Aufsicht eines Arztes.

8. Diejenigen Fahrzeuge, auf denen Choleraleichen oder verdächtig Erkrankte vorgefunden wurden, sind nach erfolgter Desinfektion fünf Tage lang zu beobachten.

Eine Beobachtung von gleicher Dauer kann über solche Fahrzeuge verhängt werden, deren Führer oder Mannschaften ihre Person oder ihre Fahrzeuge der Untersuchung zu ent= ziehen suchen, den Untersuchungsbeamten Widerstand leisten oder sonst die Annahme begründet erscheinen lassen, daß eine Verheimlichung von cholerakranken oder choleraverdächtigen Personen oder verseuchten Gegenständen und eine Vereitelung der zur Verhütung der Choleraeinschleppung oder Verbreitung vorgeschriebenen Maßregeln beabsichtigt wird.

9. Werden auf dem untersuchten Fahrzeuge Kranke nicht gefunden, so wird dem Fahrzeuge nach Erfüllung der Vor= schriften unter Nr. 10 die Weiterfahrt gestattet. Es sind jedoch regelmäßig die auf ihm etwa vorhandenen Aborte be= ziehungsweise die zu Stuhlentleerungen bestimmten Gefäße und, sofern der leitende Arzt es für notwendig hält, auch das Kiel= (Bilge=)Wasser zu desinfizieren.

Bei den regelmäßig verkehrenden Personendampfern kann

eine Desinfektion des Kiel= (Bilge=) Wassers bei Gelegenheit der täglichen Untersuchungen unterbleiben, wenn seine Desinfektion in angemessenen Zwischenräumen anderweitig sichergestellt ist.

10. Jedem Führer eines Schiffes oder Floßes ist über die stattgehabte Untersuchung und den Umfang der etwa vorgenommenen Desinfektion eine Bescheinigung nach dem beigegebenen Formular auszustellen, in welcher die auf dem Schiffe vorgefundenen Personen unter gesonderter Angabe der Familienangehörigen des Führers, der Mannschaften und der sonst an Bord befindlichen Personen, wenigstens der Zahl nach, aufgeführt sind. Bei der Untersuchung ist noch besonders darauf zu achten, daß die Zahl der auf dem Schiffe oder Floße anwesenden Personen genau übereinstimmt mit der auf dem letzten Untersuchungsschein angegebenen Zahl der Insassen. Werden weniger Personen auf dem Fahrzeuge vorgefunden, als zuletzt angegeben, so sind unverzüglich sorgfältige Ermittelungen über den Verbleib der fehlenden anzustellen und erforderlichenfalls dieserhalb den zuständigen Polizeibehörden Mitteilungen behufs weiterer Veranlassung zu machen. Dieser Personennachweis ist jedoch für die dem regelmäßigen Personenverkehre dienenden Dampfer nicht erforderlich.

Für einzelne Stromstrecken kann es sich empfehlen, auf den Namen lautende Bescheinigungen für jede auf einem Floße befindliche Person auszustellen, auf welchen die Ergebnisse der stattgehabten Untersuchungen vermerkt werden.

Über die Zahl und Art der untersuchten Fahrzeuge, ausgeführten Desinfektionen und angeordneten Beobachtungen sowie über die Zahl der untersuchten an Cholera oder choleraverdächtigen Erscheinungen erkrankten und der Beobachtung überwiesenen Personen sind genaue Nachweisungen zu führen.

11. Die leitenden Ärzte haben über alle Fälle von Cholera und choleraähnlichen Erkrankungen sowie über alle Todesfälle tunlichst genaue Aufklärung namentlich bezüglich der Entstehung und einer etwa bereits erfolgten Krankheitsverschleppung zu suchen sowie Beobachtungsstoff zur wissenschaftlichen Bearbeitung zu sammeln. Regelmäßige bakterio-

logische Untersuchungen des Flußwassers sind, soweit ausführbar, zu veranlassen.

Wahrnehmungen von gesundheitspolizeilicher Wichtigkeit, namentlich verdächtige Erkrankungen unter den Bewohnern des Ufergebiets, sind von dem leitenden Arzte unverzüglich und auf kürzestem Wege dem Kommissar oder, wo ein solcher nicht ernannt ist, der zuständigen Polizeibehörde zu melden; ferner ist von dem Arzte über jeden Erkrankungs= und Todes= fall, bei welchem Cholera festgestellt ist oder Choleraverdacht vorliegt, telegraphische oder schriftliche Anzeige an den Kommissar, die höhere Verwaltungsbehörde des Bezirkes sowie an den zuständigen beamteten Arzt zu erstatten.

Dem Kaiserlichen Gesundheitsamte sind über die gelegentlich der Schiffahrtsüberwachung vorgefundenen Choleraerkrankungen und Todesfälle regelmäßig Mitteilungen auf tunlichst kürzestem Wege zu machen; ebenso ist dieser Behörde der aufgesammelte wissenschaftliche Beobachtungsstoff zugängig zu machen.

Die leitenden Ärzte haben täglich nach Schluß des Dienstes eine Anzeige über den Umfang und das Ergebnis der im Laufe des Tages bewirkten Untersuchungen an den Kommissar zu erstatten. Zu diesem Zwecke empfiehlt es sich den leitenden Ärzten der Überwachungsbezirke beziehungsweise Überwachungsstellen Postkarten mit Vordruck zu liefern. Diese Karten sind noch am Tage der Ausfertigung zur Post zu befördern.

12. Die zur wirksamen Durchführung der vorstehenden Maßregeln erforderlichen Polizeiverordnungen und sonstigen Verfügungen sind seitens der Landesbehörden zu erlassen. Bei letzteren hat der Kommissar die nötigen Anträge unmittelbar zu stellen.

Formular. (Vorderseite.)

Bescheinigung
über

ärztliche Untersuchung und Desinfektion des ....

von .... nach ....

geführt durch .... mit (Zahl) .... Personen an Bord.

Der Untersuchung				Der Desinfektion			Des untersuchenden Arztes Namensunterschrift
Ort	Tag	Stunde	Befund	Tag	Stunde	Umfang	

(Rückseite.)

Verzeichnis der an Bord des vorseitig genannten Fahrzeugs befindlichen Personen.

	Anzahl.
I. Familienangehörige des Führers	....
II. Mannschaften	....
III. Sonst an Bord befindliche Personen . . .	....

Bemerkungen.

Zu Anlage 9.

Wie schützt sich der Schiffer vor der Cholera?
Zusammengestellt im Kaiserlichen Gesundheitsamte.

Schiffer sind mit ihren Familien der Cholera besonders ausgesetzt.

Durch die Beachtung nachstehender Regeln kannst Du Dich in wirksamer Weise vor der Cholera schützen.

1. Das Choleragift findet sich häufig im Wasser, mit welchem Dein Beruf, z. B. beim Staken, Rudern, Einholen der Taue und Ketten Dich vielfach in Berührung bringt. Auch wenn dies Wasser ganz klar ist und gut schmeckt, kann das Choleragift darin enthalten sein.

2. Trinke daher niemals Wasser aus Kanälen, Flüssen und Seen; benutze es aber auch nicht zum Waschen der Hände und des Gesichts, zum Spülen des Eßgeschirrs und der Trinkgefäße noch zum Aufwischen des Wohnraums. Hüte Dich, Gegenstände, die mit solchem Wasser in Berührung waren, oder die Du mit nassen Händen angefaßt hast (Zigarren, Pfeifen z. B.), zum Munde zu führen.

3. Nimm zum Trinken, Waschen und Spülen nur unverdächtiges Wasser aus guten Brunnen und Wasserleitungen. Bei den Schleusen und Überwachungsstellen sind die Entnahmestellen zu erfragen oder schon kenntlich gemacht.

4. Halte an Bord gutes Wasser in einem zugedeckten Gefäße von ausreichender Größe (Tonne, Eimer).

5. Bist Du aus Mangel an unverdächtigem Wasser genötigt, aus dem Fahrwasser zu schöpfen, so benutze dies Wasser nur, nachdem es mehrere Minuten lang gekocht ist.

6. Vor dem Essen reinige stets die Hände gründlich mit Wasser und Seife. Noch besser ist die Desinfektion

mit verdünntem Kresolwasser, durch welches sich z. B. auch Ärzte und Krankenpfleger schützen.

7. Verunreinige das Fahrwasser nicht durch Ausleerungen und halte auch deine Angehörigen davon ab. Benutze zur Verrichtung der Notdurft besondere Gefäße, in welche zuvor Kalkmilch, die an den Überwachungsstellen ausgeteilt wird, geschüttet worden ist.

8. Vermeide jedes Übermaß im Genusse von Speisen und Getränken, entnimm die Lebensmittel nur aus zuverlässig reinlichen Verkaufsstellen und schütze Dich durch zweckmäßige Kleidung vor Erkältungen. Halte Deine Kammern peinlich sauber; genieße alle Nahrung (besonders Milch) womöglich nur in gekochtem Zustande. Vermeide den Verkehr mit choleraverdächtigen Personen und gehe nicht in unreinliche Wirtschaften.

9. Bei Erkrankungen, insbesondere an Durchfall, Leibschmerz und Erbrechen, wende dich sofort an den nächsten Arzt. Ausleerungen so Erkrankter dürfen unter keinen Umständen in das Wasser gelangen.

Anlage 10.

Grundsätze
für
Maßnahmen im Eisenbahnverkehre beim Auftreten der Cholera.

1. Beim Auftreten der Cholera findet eine allgemeine und regelmäßige Untersuchung der Reisenden nicht statt; es werden jedoch dem Eisenbahnpersonale bekannt gegeben:
   a) die Stationen, auf welchen Ärzte sofort erreichbar und zur Verfügung sind,
   b) die Stationen, bei welchen geeignete Krankenhäuser zur Unterbringung von Cholerakranken bereit stehen (Krankenübergabestationen).

   Die Bezeichnung dieser Stationen erfolgt durch die Landes-Zentralbehörde unter Berücksichtigung der Verbreitung der Seuche und der Verkehrsverhältnisse.

   Ein Verzeichnis der unter a) und b) bezeichneten Stationen ist, nach der geographischen Reihenfolge der Stationen geordnet, jedem Führer eines Zuges, welcher zur Personenbeförderung dient, zu übergeben.

2. Auf den zu 1 a) und b) bezeichneten Stationen sowie, falls eine ärzliche Überwachung der Reisenden an der Grenze angeordnet ist, auf den Zollrevisionsstationen sind zur Vornahme der Untersuchung Erkrankter die erforderlichen Räume, welche tunlichst mit einem besonderen Abort verbunden oder mit einem abgesonderten Nachtstuhl versehen sein müssen, von der Eisenbahnverwaltung, soweit sie ihr zur Verfügung stehen, herzugeben.

3. Die Schaffner haben dem Zugführer von jeder während der Fahrt vorkommenden auffälligen Erkrankung sofort Meldung zu machen.

Der Schaffner hat sich des Erkrankten nach Kräften anzunehmen; er hat alsdann jedoch jede Berührung mit anderen Personen nach Möglichkeit zu vermeiden.

Der Erkrankte ist, falls nicht die Verkehrsordnung seinen Ausschluß von der Fahrt vorschreibt, an der Weiterfahrt nicht zu verhindern; jedoch ist, sobald dies ohne Unterbrechung der Reise möglich ist, die Feststellung der Krankheit durch einen Arzt (1a) herbeizuführen.

Verlangt der Erkrankte, der nächsten im Verzeichnis aufgeführten Übergabestation übergeben zu werden oder macht sein Zustand eine Weiterbeförderung untunlich, so hat der Zugführer, falls der Zug vor der Ankunft auf der Übergabestation noch eine Zwischenstation berührt, sofort beim Eintreffen dem diensthabenden Stationsbeamten Anzeige zu machen; dieser hat alsdann der Krankenübergabestation ungesäumt telegraphisch Meldung zu erstatten, damit möglichst die unmittelbare Abnahme des Erkrankten aus dem Zuge selbst durch die Krankenhausverwaltung, die Polizei- oder die Gesundheitsbehörde veranlaßt werden kann.

Will der Erkrankte den Zug auf einer Station vor der nächsten Übergabestation verlassen, so ist er hieran nicht zu hindern. Der Zugführer hat aber dem diensthabenden Beamten der Station, auf welcher der Erkrankte den Zug verläßt, Meldung zu machen, damit der Beamte, falls der Erkrankte nicht bis zum Eintreffen ärztlicher Hilfe auf dem Bahnhofe, wo er möglichst abzusondern sein würde, bleiben will, seinen Namen, Wohnort und sein Absteigequartier feststellen und unverzüglich der nächsten Polizeibehörde unter Angabe der näheren Umstände mitteilen kann.

4. Erkrankt ein Reisender unterwegs in auffälliger Weise, so sind alsbald sämtliche Mitreisenden, ausgenommen solche Personen, welche zu seiner Unterstützung bei ihm bleiben, aus dem Wagenabteil, in welchem der Erkrankte sich befindet und, wenn mehrere Wagenabteile einen gemeinschaftlichen Abort

haben, aus diesen sämtlichen Abteilen zu entfernen und in einem anderen Abteil, und zwar abgesondert von den übrigen Reisenden, unterzubringen. Bei der Ankunft auf der Krankenübergabestation sind diejenigen Personen, welche sich mit dem Kranken in demselben Wagenabteil befunden haben, sofort dem etwa anwesenden Arzte zu bezeichnen, damit dieser denselben die nötigen Weisungen erteilen kann.

Im übrigen muß das Eisenbahnpersonal beim Vorkommen verdächtiger Erkrankungen mit der größten Vorsicht und Ruhe vorgehen, damit alles vermieden wird, was zu unnötigen Besorgnissen unter den Reisenden oder sonst beim Publikum Anlaß geben könnte.

5. Der Wagen, in welchem ein Cholerakranker sich befunden hat, ist sofort außer Dienst zu stellen und der nächsten geeigneten Station zur Desinfektion zu übergeben. Die näheren Vorschriften über diese Desinfektion sowie über die sonstige Behandlung der Eisenbahn-Personen- und Schlafwagen bei Choleragefahr enthält die beigefügte Anweisung A. *A.*

6. Die Zugbeamten haben, wenn sie mit Ausleerungen Erkrankter in Berührung gekommen sind, sich sorgfältig zu reinigen und etwa beschmutzte Kleidungsstücke desinfizieren zu lassen; die in gleiche Lage gekommenen Reisenden sind auf die Notwendigkeit derselben Maßnahmen aufmerksam zu machen.

Alle Personen, welche mit Cholerakranken in Berührung kommen, müssen bis nach stattgehabter gründlicher Reinigung ihrer Hände unbedingt vermeiden, die letzteren mit ihrem Gesicht in Berührung zu bringen, da durch Zuführung des Krankheitsstoffs durch den Mund in den Körper eine Ansteckung erfolgen kann. Es ist deshalb auch streng zu vermeiden, bei oder nach dem Umgange mit Kranken vor erfolgter sorgfältiger Reinigung der Hände zu rauchen oder Speisen und Getränke zu sich zu nehmen.

7. Eine besondere Sorgfalt ist der Erhaltung peinlicher Sauberkeit in allen Bedürfnisanstalten auf den Stationen zuzuwenden; die Sitzbretter der Aborte sind durch Abwaschen mit einer heißen Lösung von Kaliseife mindestens einmal täglich zu reinigen. Eine Desinfektion der Aborte, welche als-

dann mit Kalkmilch und unter wiederholtem Übergießen der Fußböden mit Kalkmilch, soweit sie diese Behandlung vertragen, zu bewirken ist, erfolgt lediglich auf den Stationen der Orte, an welchen die Cholera ausgebrochen ist und auf solchen Stationen, wo dies ausdrücklich angeordnet werden sollte. Die zur Beseitigung üblen Geruchs für die warme Jahreszeit allgemein getroffenen Bestimmungen werden jedoch hierdurch nicht berührt.

8. Der Boden zwischen den Gleisen ist, sofern er auf den Stationen infolge Benutzung der in den Zügen befindlichen Bedürfnisanstalten verunreinigt ist, durch wiederholtes Übergießen mit Kalkmilch gehörig zu desinfizieren.

9. Eine Beschränkung des Eisenbahngepäck- und Güterverkehrs findet, abgesehen von den bezüglich einzelner Gegenstände ergehenden Ausfuhr- und Einfuhrverboten, nicht statt.

10. Eine Desinfektion von Reisegepäck und Gütern findet nur in folgenden Fällen statt:

a) Auf den zu 2 bezeichneten Zollrevisionsstationen erfolgt auf ärztliche Anordnung zwangsweise die Desinfektion von gebrauchter Leibwäsche, getragenen Kleidungsstücken, gebrauchtem Bettzeug und sonstigen Gegenständen, welche zum Gepäck eines Reisenden gehören oder als Umzugsgut anzusehen sind und aus einem choleraverseuchten Bezirke stammen, sofern sie nach ärztlichem Ermessen als mit dem Ansteckungsstoff der Cholera behaftet anzusehen sind.

b) Im übrigen erfolgt eine Desinfektion von Expreß-, Eil- und Frachtgütern — auch auf den Zollrevisionsstationen — nur bei solchen Gegenständen, welche nach Ansicht der Ortsgesundheitsbehörde als mit dem Ansteckungsstoff der Cholera behaftet anzusehen sind.

Briefe und Korrespondenzen, Drucksachen, Bücher, Zeitungen, Geschäftspapiere usw. unterliegen keiner Desinfektion.

Die Einrichtung und Ausführung der Desinfektion wird von den Gesundheitsbehörden veranlaßt, welchen von dem Eisenbahnpersonale tunlichst Hilfe zu leisten ist.

11. Sämtliche Beamte der Eisenbahnverwaltung haben den Anforderungen der Polizeibehörden und der beaufsichtigenden Ärzte, soweit es in ihren Kräften steht und nach den dienstlichen Verhältnissen ausführbar ist, unbedingte Folge zu leisten und auch ohne besondere Aufforderung denselben alle erforderlichen Mitteilungen zu machen. Von allen Dienstanweisungen und Maßnahmen gegen die Choleragefahr und von allen getroffenen Anordnungen und Einrichtungen ist stets sofort den dabei in Frage kommenden Gesundheitsbehörden Mitteilung zu machen.

12. Ein Auszug dieser Anweisung, welcher die Verhaltungsmaßregeln für das Eisenbahnpersonal bei choleraverdächtigen Erkrankungen auf der Eisenbahnfahrt enthält, ist beigefügt. Von diesen Verhaltungsmaßregeln ist jedem Fahrbeamten eines jeden zur Personenbeförderung dienenden Zuges ein Abdruck zuzustellen.

13. Von jedem durch den Arzt als Cholera erkannten Erkrankungsfall ist seitens des betreffenden Stationsvorstehers sofort der vorgesetzten Betriebsbehörde und der Ortspolizeibehörde schriftliche Anzeige zu erstatten, welche, soweit sie zu erlangen sind, folgende Angaben enthalten soll:

a) Ort und Tag der Erkrankung;
b) Name, Geschlecht, Alter, Stand oder Gewerbe des Erkrankten;
c) woher der Kranke zugereist ist;
d) wo der Kranke untergebracht ist.

A. Anweisung über die Behandlung der Eisenbahn-Personen- und Schlafwagen beim Auftreten der Cholera.

1. Während eines Choleraausbruchs im Inland oder in einem benachbarten Gebiet ist für besonders sorgfältige Reinigung und Lüftung der dem Personenverkehre dienenden Wagen Sorge zu tragen; es gilt dies namentlich in bezug auf Wagen der 3. und 4. Klasse, welche zur Massenbeförderung von Personen aus einer von der Cholera ergriffenen Gegend gedient haben.

Die in den Zügen befindlichen Bedürfnisanstalten sind regelmäßig zu desinfizieren und zu dem Zwecke die Trichter und Abfallrohre nach Reinigung mit Kalkmilch zu bestreichen, die Sitzbretter mit Kaliseifenlösung zu reinigen (vgl. Ziffer 2).

2. Ein Personenwagen, in welchem ein Cholerakranker sich befunden hat, ist sofort außer Dienst zu stellen und der nächsten mit den nötigen Einrichtungen versehenen Station zur Desinfektion zu überweisen, welche in nachstehend angegebener Weise zu bewirken ist.

Etwaige grobe Verunreinigungen im Innern des Wagens sind durch sorgfältiges und wiederholtes Abreiben mit Lappen, welche mit Karbolsäurelösung befeuchtet sind, zu beseitigen. Alsdann sind die Läufer, Matten, Teppiche, Vorhänge und beweglichen Polster abzunehmen, in Tücher, welche mit Karbolsäurelösung stark angefeuchtet sind, einzuschlagen und der Dampfdesinfektion zu unterwerfen. Ein vorheriges Ausklopfen dieser Gegenstände ist zu vermeiden. Gegenstände aus Leder, welche eine Dampfdesinfektion nicht vertragen, sind mit Karbolsäurelösung gründlich abzureiben. Demnächst ist der Wagen durchweg einer sorgfältigen Reinigung zu unterwerfen, wobei seine abwaschbaren Teile mit Karbolsäurelösung zu behandeln sind, und sodann in einem warmen, luftigen und trockenen Raume mindestens 3 Tage lang aufzustellen.

Die bei der Reinigung verwendeten Lappen sind zu verbrennen.

Zur Herstellung der Karbolsäurelösung wird 1 Gewichtsteil verflüssigte Karbolsäure (Acidum carbolicum liquefactum des Arzneibuchs für das Deutsche Reich) mit 30 Gewichtsteilen Wasser gemischt.

Zur Herstellung von Kalkmilch wird 1 Raumteil frisch gebrannter Kalk (Ätzkalk, calcaria usta), mit 4 Raumteilen Wasser gemischt, und zwar in folgender Weise: Der Kalk wird in ein geeignetes Gefäß gelegt und zunächst mit $3/4$ Raumteilen Wasser durch Besprengen unter stetem Umrühren gelöscht. Nachdem der Kalk zu Pulver zerfallen ist, wird er mit dem übrigen Wasser zu Kalkmilch verrührt.

Zur Herstellung von Kaliseifenlösung werden 3 Gewichtsteile Seife (sogenannte Schmierseife oder grüne Seife oder schwarze Seife) in 100 Gewichtsteilen siedend heißem Wasser gelöst (z. B. ½ kg Seife in 17 Litern Wasser). Diese Lösung ist heiß zu verwenden.

3. Ist ein Schlafwagen von einem Cholerakranken benutzt worden, so muß die während der Fahrt gebrauchte Wäsche desinfiziert werden. Zu diesem Zwecke ist sie in Tücher, welche mit Karbolsäurelösung stark befeuchtet sind, einzuschlagen und alsdann so in ein Gefäß mit Karbolsäurelösung zu legen, daß sie von der Flüssigkeit vollständig bedeckt wird; frühestens nach zwei Stunden ist dann die Wäsche mit Wasser zu spülen und zu reinigen. Zur Wäsche sind zu rechnen: die Laken, die Bezüge der Bettkissen und der Decken sowie die Handtücher. Die Desinfektion des Wagens selbst hat in der unter Ziffer 2 vorgeschriebenen Weise zu erfolgen; dabei sind jedoch auch die von dem Kranken benutzten Bettkissen, Decken und beweglichen Matratzen in der dort angegebenen Weise einzuschlagen und alsdann der Dampfdesinfektion zu unterwerfen. Statt der Desinfektion mit Karbolsäurelösung kann die Wäsche auch der Dampfdesinfektion unterworfen werden.

Für den Fall, daß es sich als notwendig erweisen sollte, einen Schlafwagenlauf gänzlich einzustellen, bleibt Bestimmung vorbehalten.

Die vorstehenden Bestimmungen finden sinngemäße Anwendung bei Erkrankungen von Zug- und Postbeamten in den von ihnen benutzten Gepäck- und Postwagen.

5. Die mit der Desinfektion beauftragten Arbeiter haben jedesmal, wenn sie mit infizierten Dingen in Berührung gekommen sind, die Hände durch sorgfältiges Waschen mit Karbolsäurelösung zu desinfizieren und sich sonst gründlich zu reinigen. Es empfiehlt sich, daß die Desinfektoren waschbare Oberkleider tragen; diese sind in derselben Weise wie die Wäsche aus den Schlafwagen zu desinfizieren.

B. Verhaltungsmaßregeln für das Eisenbahnpersonal bei choleraverdächtigen Erkrankungen auf der Eisenbahnfahrt.

1. Von jeder auffälligen Erkrankung, welche während der Eisenbahnfahrt vorkommt, hat der Schaffner dem Zugführer sofort Meldung zu machen.

2. Der Schaffner hat sich des Erkrankten nach Kräften anzunehmen; er hat alsdann jedoch jede Berührung mit anderen Personen nach Möglichkeit zu vermeiden.

3. Der Erkrankte ist, falls nicht die Verkehrsordnung seinen Ausschluß von der Fahrt vorschreibt, an der Weiterfahrt nicht zu verhindern; jedoch ist, sobald dies ohne Unterbrechung der Reise möglich ist, die Feststellung der Krankheit durch einen Arzt herbeizuführen.

Verlangt der Erkrankte der nächsten im Verzeichnis aufgeführten Übergabestation übergeben zu werden oder macht sein Zustand eine Weiterbeförderung untunlich, so hat der Zugführer, falls der Zug vor der Ankunft auf der Übergabestation noch eine Zwischenstation berührt, sofort beim Eintreffen dem diensthabenden Stationsbeamten Anzeige zu machen; dieser hat alsdann der Krankenübergabestation ungesäumt telegraphisch Meldung zu erstatten, damit möglichst die unmittelbare Abnahme des Erkrankten aus dem Zuge selbst durch die Krankenhausverwaltung, die Polizei- oder die Gesundheitsbehörde veranlaßt werden kann.

Will der Erkrankte den Zug auf einer Station vor der nächsten Übergabestation verlassen, so ist er hieran nicht zu hindern, der Zugführer hat aber dem diensthabenden Beamten der Station, auf welcher der Erkrankte den Zug verläßt, Meldung zu machen, damit der Beamte, falls der Erkrankte nicht bis zum Eintreffen ärztlicher Hilfe auf dem Bahnhofe, wo er möglichst abzusondern sein würde, bleiben will, seinen Namen, Wohnort und sein Absteigequartier feststellen und unverzüglich der nächsten Polizeibehörde unter Angabe der näheren Umstände mitteilen kann.

4. Sämtliche Mitreisenden, ausgenommen solche Personen, welche zur Unterstützung bei dem Erkrankten bleiben, sind aus dem Wagenabteil, in welchem der Erkrankte sich befindet, und, wenn mehrere Wagenabteile einen gemeinschaftlichen Abort haben, aus diesen sämtlichen Abteilen zu entfernen und in einem anderen Abteil, und zwar abgesondert von den übrigen Reisenden, unterzubringen.

5. Die Zugbeamten haben, wenn sie mit einem Erkrankten in Berührung gekommen sind, sich sorgfältig zu reinigen und etwa beschmutzte Kleidungsstücke desinfizieren zu lassen; die in gleiche Lage gekommenen Reisenden sind auf die Notwendigkeit derselben Maßnahmen aufmerksam zu machen.

MIX
Papier aus verantwortungsvollen Quellen
Paper from responsible sources
FSC® C105338

If you have any concerns about our products,
you can contact us on
ProductSafety@springernature.com

In case Publisher is established outside the EU,
the EU authorized representative is:
**Springer Nature Customer Service Center GmbH
Europaplatz 3, 69115 Heidelberg, Germany**

Printed by Libri Plureos GmbH
in Hamburg, Germany